职业教育 **烹饪专业** 教材

U0587494

西式面点制作技术

主 编	雷锡林　武晓龙　韦昔奇
副主编	郑存平　李　阳　王　悦
	梁瑞君　王　菲　李　波
参 编	廖华智　黄向辉　刘　博

重庆大学出版社

内容提要

本书以西式面点基础产品为载体,结合现代职业教育规律和中职学生的实际情况,以及西式面点在中国的发展趋势,采用"以培养学生动手能力为中心,以典型产品为载体"的项目任务方式编写,注重产品理论与实际相结合,帮助学生了解理论知识、掌握制作工艺、懂得运用创新。本书主要包括西式面点制作基础知识、面包制作工艺、蛋糕制作工艺、西式甜点制作工艺、西式面点的拓展与创新及实例等内容,共5个项目、76个任务。本书可作为中等职业教育西餐烹饪专业、西式面点烘焙专业和中西面点专业教师教学和学生学习的参考书籍,也可作为餐饮行业职工的培训教材。

图书在版编目(CIP)数据

西式面点制作技术 / 雷锡林,武晓龙,韦昔奇主编.
—— 重庆:重庆大学出版社,2021.8 (2025.1重印)
职业教育烹饪专业教材
ISBN 978-7-5689-2801-4

Ⅰ.①西… Ⅱ.①雷…②武…③韦… Ⅲ.①西点—制作—职业教育—教材 Ⅳ.①TS213.23

中国版本图书馆CIP数据核字(2021)第159021号

职业教育烹饪专业教材
西式面点制作技术

主　编　雷锡林　武晓龙　韦昔奇
副主编　郑存平　李　阳　王　悦
　　　　梁瑞君　王　菲　李　波
策划编辑:马　宁　沈　静　龙沛瑶
责任编辑:杨育彪　黄菊香　　版式设计:史　骥
责任校对:邹　忌　　　　　　责任印制:张　策
*
重庆大学出版社出版发行
出版人:陈晓阳
社址:重庆市沙坪坝区大学城西路21号
邮编:401331
电话:(023)88617190　88617185(中小学)
传真:(023)88617186　88617166
网址:http://www.cqup.com.cn
邮箱:fxk@cqup.com.cn(营销中心)
全国新华书店经销
重庆升光电力印务有限公司印刷
*
开本:787mm×1092mm　1/16　印张:18.5　字数:513千
2021年8月第1版　　2025年1月第3次印刷
印数:5 001—7 000
ISBN 978-7-5689-2801-4　定价:69.00元

Preface 前言

　　西式面点行业在西方通常被称为"烘焙业"（Baking Industry），在欧美国家十分发达。西式面点已成为独立于西式烹调之外的一种庞大的食品加工行业，成为西方食品工业的主要支柱产业之一。西式面点虽为"舶来品"，但已然在中国落地生根、遍地开花。在我国对外开放不断扩大和"一带一路"文化共同体的影响下，西式面点以其技术性、独特性、艺术性和普及性将继续丰富人们的生活、充实食品市场，不断推动我国餐饮和食品加工业的发展。所以，培养大批西式面点专业人才势在必行，本书便在这种背景下应运而生。

　　在理念上，本书以项目为中心，由任务驱导，以当下烘焙市场经典和创新品种为双载体，注重工艺理论、工艺方法和工艺技术相结合。在形式上，本书图文并茂，便于学生直观理解，灵活应用。在结构上，本书针对实际生产过程中的要求，将内容分为5个重要项目展开，突出学生应知、应会的重要知识点及其内在联系，在教学活动中亦可灵活安排。

　　本书由川菜烹饪大师、四川省商务学校中西面点教研组组长雷锡林，川菜烹饪名师、四川省商务学校西式面点教师武晓龙和注册中国烹饪大师、川菜烹饪大师、成都农业科技职业学院烹饪教研室主任韦昔奇担任主编，郑存平、李阳、王悦、梁瑞君、王菲、李波担任副主编，廖华智、黄向辉、刘博担任参编。编写此类教材是一项探索性的工作，在本书的编写过程中，我们参考了相关专家的著作、文献，在此一并表示感谢。

　　由于编者水平有限，书中难免有疏漏和错误之处，敬请使用本书的读者批评指正，以便进一步修订完善。

编　者
2021年3月

Contents 目 录

项目3　蛋糕制作工艺　120

项目 1

西式面点制作
基础知识

>>>

任务1　西式面点的概述和发展

1.1　西式面点的概述

西式面点，简称西点，英文中称"Western Pastry"。其主要熟制手法是烘焙，因此西点也叫"Baked Good"，即烘焙食品。作为西方食品的代表，它以丰富多彩的颜色、沁人心脾的香气、各不相同的口味、绚丽多姿的外形以及独特的营养价值，吸引着世界各地的人们喜欢它、研究它。如今，各色面包、蛋糕和甜品早已走入千家万户，大小不一的烘焙店到处可见，周末的DIY烘焙工坊也吸引着各行各业的人前往学习，路过西点的橱窗，我们总是不自觉地看上一眼，西点散发的魅力势不可挡！所以，随着生活水平和生活质量的提高，以及全球化和信息化的发展，西点在国内的市场前景非常广阔。

1）西点的概念

西点，是主要源于欧美地区的点心。它是以面粉、糖、油、鸡蛋和乳制品为主要原料，辅以干鲜果品和调味料，经过调制、成型、成熟、装饰等工艺过程而制成的具有一定色、香、味、形的食品。

西点经过漫长的发展，在世界各地不断被创新，逐渐出现了以地域为特点的不同种类。例如，法国甜品属于现代派西点中的"贵族"。第一，法式西点如同一件奢侈品，其价值来自它的历史、文化内涵、艺术造型、风味搭配。无论是Opera还是Saint-Ho，无论是Tarte Tatin还是Bourdaloue，每一款法式西点都是经典的。第二，法式西点如同一件艺术品，食物五要素"色香味形意"里面，"色"为首。当今社会"吃"不再是为了果腹，而是一次身心的"娱乐"。要饱眼福，也要饱口福。这意味着西点师必须有艺术家的眼光。既不过度修饰、喧宾夺主，又要吸引眼球、勾人食欲。第三，法式西点是"美食"完美的体现。"美食"最重要的意义在于令人愉悦。只有真正的美食家才不会感叹"众口难调"，因为他们破解了"好吃"的密码。"法式西点"之所以能被称为世界西点之最的特别之处在于其味道与质感的完美搭配。其他欧洲国家的点心多保持着西点的传统风格，造型也属于家庭式，厚实、简单、不太华丽，原料也大多使用西点中常用的黄油、奶酪、鸡蛋等，口味上比较甜腻。

2）西点的发展概况

西点是随着西方文明的发展而步步推进的，在欧洲国家有很长的发展历史，并且独树一帜，取得了显著成就。

史料记载，在古代埃及的宫殿和陵墓的壁画中，有一幅展示了公元前1175年底比斯城的宫廷中制作面包的场景，说明当时西点发展已初具雏形。埃及也是最早使用发酵手法制作面包的国家，约公元前3000年，古埃及人将小麦粉加水和马铃薯、盐拌在一起，放在温暖的地方，在自然的空气湿度下，利用空气中的野生酵母使其发酵，再掺入面粉揉成面团，放入用泥土做的土窑中烘烤制成面包。时至今日，埃及一些地区仍在使用这一古老的做法。据说这一技术随后又传到了古希腊，公元前5世纪左右，最早的英式蛋糕就在古希腊诞生了。其表面装饰的12个杏仁球，代表罗马神话中的众神。今天，欧洲有些地方用它来庆祝复活节。古罗马是最早使用甜味剂的国家，早期糕点的甜味剂是蜂蜜，因此蜂蜜也曾风靡一时。

在哈德良皇帝统治时期，罗马帝国在帕兰丁山建立了厨师学校，以传播烹饪技术。公元前400年左右，罗马共和国成立了专门的烘焙协会。古罗马做出了最早的奶酪蛋糕，至今，最好的奶酪蛋糕仍然出自意大利。

初具现代风格的西点大约出现在欧洲文艺复兴时期。西点的工艺方法在革新，品种也在不断增多，烘焙业成为独立的行业，进入了全面的繁荣时期。现代西点中两类最主要的西点——塔和派相继出现。16世纪，酵母开始运用到面包制作中。大约17世纪，起酥点心的制作方法得到进一步完善，开始在欧洲流行，面包中的高级产品——牛角面包应运而生。牛角面包也叫维也纳面包，是起酥类点心和面包结合的产物。

进入18世纪后，受近代自然科学发展和工业革命的影响，家庭主妇纷纷离开家庭走向工厂，手工制作西点的方式减少，西点烘焙业发展到一个新阶段，即从作坊式的手工生产步入现代化的工业生产，并逐渐发展成为一个成熟的体系。随后，各种制作面包的机器诞生，如面包搅拌机、面包整形机和面包分割机等投入使用，大大提高了面包的生产效率。

当前，烘焙业在欧美国家十分发达，它的产品是日常用餐的重要组成部分，其本身也逐渐发展成为独立于西餐烹调之外的一个庞大的食品行业，是西方食品工业的主要支柱之一。

3）西点的地位

（1）作为主食

西点在西方人的饮食生活中占有重要的地位，主食面包在西方人的一日三餐中几乎都有。主食面包多为咸面包，法国人喜欢棍状面包，德国人喜欢碱水面包、黑麦面包，俄罗斯人喜欢酸面包，主食面包因其独特的发酵方法而有独特的麦香味。早餐面包通常要涂黄油、果酱或蜂蜜，正餐面包通常配汤一起吃。由于生活节奏快，西方人通常用夹着蔬菜、鸡蛋、奶酪或火腿肠、培根的如三明治、汉堡等作为午餐主食。

（2）作为餐后甜点

在西方国家的餐桌上，甜点是必不可少的食物。甜点在正餐中相当于最后一道"菜"，一个正式的西餐宴会是不能没有甜点的，缺乏甜点的一餐也是不完整的一餐。

（3）作为零食

如今在大街小巷，我们总是可以看到不同的烘焙店，货架上总是摆满了琳琅满目的各式西点。我们旅游、休闲时或会议后，都会选择一些西点作为零食填满休闲时光。在欧美国家，几乎每一个家庭主妇都会做蛋糕和点心，每当亲朋好友聚会时，主妇们就会献上自制的苹果派或大蛋糕。

（4）作为下午茶点

享用下午茶是西方人特别是英国人的习惯。在英国，18世纪开始形成饮茶之风，饮茶似乎成了一个国家的风尚，并沿袭至今。传统的下午茶时间约在16时，与下午茶相伴的有各式花式小蛋糕和一些专供下午茶享用的点心，即茶点。

（5）作为节日点心

在西方，很多节日具有宗教性质，很多节日点心便应运而生，像中国的很多传统节日都有节日点心，如中秋节的月饼、端午节的粽子、重阳节的重阳糕。西方著名的节日蛋糕有帕拉堂圣诞蛋糕、英国的圣诞水果蛋糕、德国的基督果子甜点等。除了节日糕点外，西方人每逢生

日、婚礼，也会制作精美的蛋糕，如今这一习惯已风靡全世界。

1.2 西式面点的分类、特点及发展方向

1）西点的分类

西点的分类标准目前尚未统一。西点源于欧美地区，具有西方民族风格和特色，如德式、法式、英式、意式、俄式等。但因国家或民族的差异，其制作方法也千差万别。想全面了解西点，必须先了解其分类。按点心的温度分类，可分为常温点心、冷点心和热点心。按西点的用途分类，可分为零售类点心、酒会点心、自助餐点心、宴会点心和茶点。按制品加工工艺及坯料性质分类，可分为面包类、蛋糕类、混酥类、清酥类、泡芙类、饼干类、冷冻甜食类、巧克力类等。

（1）面包类

面包类是一种发酵的烘焙食品，它以面粉、酵母、盐、水为基本原料，添加适量的糖、油脂、乳品、鸡蛋、果料、添加剂等，经搅拌、发酵、成型、醒发、烘焙而制成，组织松软、富有弹性。面包类产品以咸甜口味为主，包括软质面包、硬质面包、松质面包和脆皮面包。按柔软度分类有软硬面包之分，用途上又可分为主食面包、餐包、点心面包和快餐面包。按地域分类，具有代表性的是法式面包、意式面包、德式面包、俄式面包、英式面包和美式面包。按成型方法分为普通面包和花式面包；按用料特点又分为白面包、杂粮面包、全麦面包、黑麦面包、燕麦面包、奶油面包、水果面包和营养保健面包等。

（2）蛋糕类

蛋糕类是以鸡蛋、糖、油脂、面粉为主料，以水果、奶酪、巧克力、果仁等为辅料，经加工制成的具有浓郁蛋香、质地松软或酥散的点心。蛋糕类按制作工艺方法可以分为一次打法和二次打法，按面糊性质可以分为乳沫蛋糕、面糊类蛋糕和戚风蛋糕。

（3）混酥类

混酥类点心是将黄油、面粉、白糖、鸡蛋等主要原料调制成坯料，再经擀制、成型、成熟、装饰等工艺制成的一类酥而无层的点心，如各式的派、塔、干点心等。派有单皮派和双皮派之分。其中，塔多是单皮的馅饼，或比较薄的双皮圆饼，或整只小圆饼，或其他形状（椭圆形、船形、长方形），此类点心的面坯有甜味和咸味之分，是西点中常用的基础坯料。

（4）清酥类

清酥类点心是以水调面坯、油面坯互为表里，反复擀叠，冷冻而成基础坯料，再经成型、烘烤制成的一类层次清晰、松酥的点心。清酥类点心的口味有咸甜之分，是西点中常用的一类点心。

（5）泡芙类

泡芙类制品是以液体原料（水或牛奶）、油脂、面粉、鸡蛋等为主要原料，经过油脂和水同时煮沸、烫熟面粉、加入鸡蛋搅拌、成型、烤制、装饰等工艺过程制成的一类点心。泡芙也叫气鼓或哈斗。

（6）饼干类

饼干也叫曲奇，饼干类是由面粉、油脂、糖、鸡蛋等原料混合后烤制而成的小块干点，具有便于运输、长期贮存、口感香酥等特点，是人们茶余饭后的零食。饼干制作方法多样，品种繁多。

（7）冷冻甜食类

冷冻甜食类是通过冷冻成型的甜点的总称。它的种类繁多，口味独特，造型各异，主要的类型有果冻、慕斯、冰激凌、布丁、冷热舒芙蕾、芭菲、雪葩等。该类点心口味清甜，适用于午餐、晚餐的餐后或非用餐时食用。

（8）巧克力类

巧克力类是直接使用巧克力或以巧克力为主要原料，配上奶油、果仁、酒类等辅料制成的产品，其口味主要是甜味。巧克力类制品有加馅制品类、巧克力装饰品类、模型制品等，如巧克力吊花、动物模型巧克力等。巧克力制品主要用于茶点、节日、礼品、蛋糕类装饰。巧克力类制品生产需要在一个独立的空间并且配有空调装置，温度一般不能超过21 ℃。

在西点中还有很多精致美观的装饰物，如精巧的巧克力棍糖、面包花篮、庆典蛋糕、糖粉装饰、司马板花。这些制品品种丰富，工艺性强，色泽搭配合理，造型精美。

2）西点的特点

西点以其用料讲究、口感丰富、造型独特等众多优点，在西餐饮食中起着重要的作用。西点在酒店具有相对的独立性，有专门的西点厨房。在社会上，西点也具有广阔的市场前景。

（1）用料讲究

西点常用的主要原料是面粉、鸡蛋、糖、油、奶制品等，还要用到大量水果、干果制品、巧克力制品、香料等，而且它们的配比和用量都有一定的要求，有些甜品用料要求很严格，每一款点心的选料都是有标准的。

（2）风味多样

由于西点制作常用到鸡蛋、奶制品、巧克力制品，因此西点就具有浓郁的蛋香味、奶香味和巧克力香味，甚至不同的甜品配以不同的甜酒，会赋予甜酒醇香味。水果在装饰上的点缀，给人清新而鲜美的感觉。西点中水果和奶油、巧克力的结合，使清甜与浓香相得益彰，吃起来甜中带酸、油而不腻、层次丰富。果仁烤制后香脆可口，使西点在外观与风味上对比更加强烈，为之增色不少。不同酒类的运用，也使西点的内涵得到质的提升。

西点品种较多，而且具有不同的口感。饼干的酥、布丁的软、慕斯的滑、法棍的韧、果冻的爽、冰激凌的凉……让人心旷神怡、应接不暇。

（3）造型独特

西点有自己独特的造型，从来没有固定的模式。每一位西点师总是可以赋予它新的灵魂和内涵。西点是艺术品，总是给人美的感受，让人爱不释口、赏心悦目。无论是手工制作的个性化，还是机器生产的标准化、自动化，每一款西点总让我们忍不住多看一眼。

总之，一道完美的西点，都应具有宜人的风味、诱人的色泽、独特的造型以及丰富的营养价值。

3）西点的发展方向

进入21世纪，随着社会的进步和人们对品质的追求，以及人们对质量、健康、安全问题的日益重视，西点的发展也与时俱进、日臻完美。

（1）回归自然

在各国生活水平不断提高的情况下，人们不得不重新审视食物的构成。当回归自然的口号在烘焙业中响起时，人们再次用生物发酵方法烘焙传统的面包，最古老的酸种面包发酵方法也悄然兴起，受到越来越多人的青睐。

如今，科学健康的膳食成为大众追求的目标，西点也随之改变高糖、高蛋白、高热量的现状，向清淡、营养平衡方向发展。低糖、无糖面包，或用非糖甜味剂部分代替蔗糖，添加膳食纤

维、麸皮、燕麦等制成的高蛋白、高纤维、矿物质营养面包，都将是未来极具诱惑的产品。

（2）产品新鲜

随着科技的进步和各种机械设备的完善，人们将在第一时间品尝到最新鲜的西点。无论是那些投放在市场内、标准、卫生、全机械制作的西点，还是在城市中林立的烘焙小店制作的西点，人们都可以吃到最新鲜的。

（3）技艺先进

欧美国家如瑞士、德国、美国等均设有烘焙研究中心，其谷物加工、食品工程、食物科学和营养学等方面的专家也很多。他们坚持不懈地探索、改良、发展，使西点得到不断的发展和创新。

同时，很多地方举办了关于西点方面的比赛和展览，这些都促进了西点的创新和发展，也增加了专业人士相互考察、学习、鉴别的机会。这些都有利于西点师开阔视野，提高技艺，同时也使西点的制作工艺日新月异，产品更具特色。

（4）品牌战略

随着全球化的推进，想要在市场立足，必须有长远的眼光和跨地区、跨国界的经营胆识及战略谋划。要坚持品牌战略，运用大数据时代下的信息化手段，同时利用融资等现代化手段进行市场化运作，使西点烘焙店形成规模发展，最终形成大规模的集团或上市公司。

[课后思考题]

1. 西点的概念是什么？
2. 西点是如何分类的？
3. 西点的地位是什么？
4. 西点的特色在哪里？
5. 西点的未来发展趋势如何？

任务2 西式面点制作常用原料

2.1 常用的基本原料

1）面粉

面粉由小麦加工而成，是制作西点的主要原料。西点中主要品种面包、蛋糕、饼干等都是以面粉为主要原料的。因此，面粉的性质对西点的加工工艺和品质起着决定性的作用。由于小麦的品种、种植地区、气候条件、土壤性质、日照时间和栽培方法不同，小麦的品质也大不相同。在制粉时，面粉的吸水率、粗细度、色泽、含筋量、糖化和产气能力等都能影响西点的品质。

（1）面粉的种类

用于制作西点的面粉，根据蛋白质含量的不同，可以分为低筋面粉、中筋面粉和高筋面粉。面粉按照精度不同分为特制一等面粉、特制二等面粉、标准面粉和普通面粉。面粉按照用途不同分为专用面粉、通用面粉、营养强化面粉。面粉按照性能和不同添加剂分为一般面粉、营养面粉、自发粉和全麦面粉。

接下来，我们来认识按照蛋白质含量不同而分类的三种面粉。

①低筋面粉。

低筋面粉又称弱筋面粉，颜色较白，蛋白质含量为7%～9%，湿面筋值在25%以下。低筋面粉适合做蛋糕、饼干等酥松干脆的产品，英国、法国和德国产的弱筋面粉就属于这类面粉。

②中筋面粉。

中筋面粉是介于高筋面粉和低筋面粉之间的一类面粉。其蛋白质含量为9%～12%，湿面筋值为25%～35%。美国、澳大利亚产的冬小麦面粉和我国的标准粉等普通面粉都属于这类面粉。中筋粉色乳白、体质半松散，常用于制作重型水果蛋糕、肉馅饼等，也可以用于制作面包。中筋面粉可以使面包内部的组织坚韧，能保持面包制品的膨胀度和柔韧性。

③高筋面粉。

高筋面粉又称强筋面粉，其蛋白质和面筋含量都很高，蛋白质含量为12%～15%，湿面筋值在35%以上。最好的高筋面粉是加拿大产的春小麦面粉。高筋面粉适用于制作面包、起酥点心和一些特殊的松酥饼。

（2）面粉的工艺性能

①面筋和面筋工艺性能。

面粉的工艺性能首先取决于面筋的工艺性能。将面粉加水经过机械搅拌或手工搓揉后形成的具有黏性、弹性和延伸性的软胶状物质就是粗面筋。粗面筋含水率为65%～70%，故又称为湿面筋，湿面筋去水分就是干面筋。

面筋蛋白质具有很强的吸水能力，它在面粉中的含量虽不多，但是占面团总吸水量的60%～70%。影响面筋形成的因素有面团的温度、面团放置的时间和面粉质量等。一般情况下，30～40 ℃时面筋的生成率最高，温度过低则面筋的胀润过程缓慢而生成率低。我国北方地区在冬季制作西点时，会将面粉搬运到温暖的车间，用温水调制面团，以提高面团的温度，减少低温的不利影响。

面粉筋力的好坏、强弱不仅与面筋的数量有关，也与面筋的质量和性状有关。通常，用延伸性、可塑性、弹性、韧性和比延伸性来评定面筋的性状指标，见表1-1。

表1-1　面筋的性状指标

延伸性	湿面筋被拉长至某长度后不断裂的性质
可塑性	湿面筋被压缩或拉伸后不能恢复原来状态的能力
弹性	湿面筋被压缩或拉伸后能恢复原来状态的能力
韧性	湿面筋拉伸时所表现的抵抗力
比延伸性	以湿面筋每分钟能自动延伸的厘米数来表示的

根据面粉制作西点的工艺性能，可将面粉分为优良面筋、中等面筋、劣质面筋3类。优良面筋弹性好，延伸性大或适中；中等面筋弹性好、延伸性小，或弹性中等，比延伸性小。劣质面筋弹性小、韧性差，因本身重力会自然延伸或断裂，完全没有弹性，冲洗面筋时，不黏结，易疏散。

不同的烘焙产品对面筋性状要求也不同。制作面包要求使用弹性和延伸性都好的面粉。制作蛋糕、饼干、糕点则要求使用弹性、延伸性都不高，但可塑性良好的面粉。如果面粉的工艺性能不符合所制食品的要求，则需要添加面粉改良剂或采用其他工艺措施来改善面粉性能，使其符合所制食品的需求。

②面粉的吸水率。

面粉的吸水率是检验面粉烘焙品质的重要指标。它是指调制单位质量的面粉或面团所需的最大加水量。面粉的吸水率高，可以提高面包的出品率，而且面包中水分增加，可使面包心柔软，保鲜期相应延长。面粉的吸水率因为小麦的不同而不同，同时与面粉的研磨程度和面粉内的破损淀粉含量息息相关。

③面粉糖化能力和产气能力。

面粉的糖化能力是指面粉中的淀粉转化成糖的能力，是在一系列的淀粉酶和糖化酶的作用下进行的，因此，面粉糖化力的大小取决于面粉中这些酶的活性程度。面粉糖化能力对面团的发酵和产气影响很大。由于酵母发酵时所需糖的主要来源是面粉糖化，并且发酵完毕后剩余的糖与面包的色、香、味关系很大，对无糖的主食面包的质量影响大。

面粉的产气能力是指面团在发酵的过程中产生二氧化碳气体的能力。面粉的产气能力取决于面粉的糖化能力。一般来说，面粉的糖化能力越强，生成的糖越多，其产气能力也越强，制作出的面包也越好。

面粉的糖化能力和产气能力是相互影响的。糖化能力越强，产气能力也越强，面团中剩余的糖越多，面包体积越小；反之，面团中剩余的糖越少，面包体积越大。因此，只有面包的糖化能力和产气能力都好，才能生产出品质好、体积大的面包。

（3）面粉在西点中的作用

①面粉在面包中的作用。

第一，形成面包的组织结构。面粉加水后，面粉里的面筋吸水形成网状结构，起到支撑面包组织的骨架作用。而淀粉部分吸水胀润，并在一定的温度下糊化，淀粉部分填充在蛋白质所形成的骨架周围。所以，这两方面的共同作用，形成了面包的组织结构。筋力越强的面粉，面包可获得的体积越好。

第二，提供酵母发酵的场所。当面包内部不含糖或含糖量较少时，面团里酵母发酵的引子便靠面粉里的淀粉来转化。面粉里的少量破损淀粉在淀粉酶的作用下分解成葡萄糖被酵母吸收用于发酵。

②面粉在蛋糕中的作用。

面粉在制作蛋糕的过程中，对蛋糕的影响有三方面：促进蛋糕面糊的形成；促进蛋糕膨大稳定；保持蛋糕体积。

（4）面粉的品质检验与保管

①面粉的品质检验。

面粉的品质可从面粉的含水率、颜色、面筋质和新鲜度四个方面加以检验。

面粉的含水率。面粉的含水率是指面粉所含水分质量与含水面粉质量的百分比。我国国家标准（GB/T 1355—1986）规定面粉含水率应在14%以下。面粉的含水率与小麦的含水率及面粉贮存密切相关，会直接影响调制面团时的加水量。

面粉的颜色。不同等级、不同种类的面粉，其颜色也不同，但应符合国家规定的等级标准。一般来说，面粉的颜色随着面粉加工精度的不同而不同，颜色越白的面粉，精度越高，但维生素和矿物质的含量越低。

面筋质。面粉中的面筋质含量是决定面粉品质的重要指标，在一定范围内，面筋质含量越高，面粉品质越好。面筋质一般要通过洗面筋的方法来测定。面筋质含量与洗面筋时的水温、水质也有重要的关系。

新鲜度。在实际生活中，面粉的新鲜度一般采用鉴别面粉气味的方法，即新鲜的面粉有清淡的香味，气味正常，而不同的旧面粉，带有酸味、苦味、霉味，甚至腐败的臭味等。

②面粉的保管。

刚磨出来的面粉不能直接用来做面包。新面粉需要放置1~2个月，再用来生产面包，烘焙的品质会大大提升，生产出来的面包洁白有光泽，体积大、弹性好，内部组织均匀细腻。特别是操作时，面团不黏、醒发、烘焙及面包出炉后，面团不跑气塌陷，面包不收缩变形。这种现象称为面粉的熟化，也称陈化和后熟。

新面粉在4~5天后开始"出汗"，进入呼吸阶段，发生生化和氧化作用。在"出汗"期间，面粉很难被制作成合格的面包。除自然熟化外，还可以用化学方法处理新磨制的面粉，使之熟化。常用的化学方法是在面粉中添加面团改良剂、溴酸钾、抗坏血酸等，用化学方法熟化的面粉在5天内使用，可以制出合格的面包。

一般来说，面粉保管中应注意稳定调节温、湿度控制并避免周围环境污染。面粉贮存在相对温度18~24 ℃、相对湿度55%~65%的条件下较为适宜，温度过高，面粉容易霉变。面粉有吸收各种异味的特点，因此，要和有气味的物体分开保存，以防面粉吸收异味。

2）油脂

油脂是制作西点的常用原料之一。常用到的油脂有黄油、人造黄油、氢化油、起酥油、植物油、橄榄油等。其中，最常用到的油脂是黄油或人造黄油。油脂在西点中的作用主要体现在以下四个方面：第一，可以改善制品的品质，保持制品内部组织的柔软，延缓淀粉老化的时间，延长制品的保存期；第二，增加营养，补充人体的热能，增进制品的风味；第三，增强面坯的可塑性，有利于制品的成型；第四，作为传热介质，对制品的成熟有重要作用。

（1）油脂的种类

西点中的油脂可以分为两大类：天然油脂和再加工油脂。天然油脂包括植物油和动物油；再加工油脂包括氢化油、人造黄油、起酥油、粉末油脂等。

①植物油。

植物油营养价值高于动物油，但是加工性能不如动物油或固态油脂。植物油根据精制程度和商品规格可分为普通植物油、高级烹调油和色拉油。一般西点中大量使用的是色拉油。色拉油呈淡黄色，澄清、透明、无气味、口感好，用于烹调时不起沫、烟少。高级烹调油一般选用优质油料先加工成毛油，再经脱胶、脱酸、脱色、脱臭、脱蜡、脱脂等工序制成成品。常见的植物油有大豆油、花生油、葵花籽油、芝麻油、玉米胚芽油、橄榄油等。

②动物油。

动物油具有熔点高、可塑性强、起酥性好等特点。西点中常用的天然动物油有奶油和猪油。奶油是经高温杀菌的鲜奶中经过加工分离出来的脂肪和其他成分的混合物，在乳制品工业中也称稀奶油，奶油是制作黄油的中间产品，含脂率较低。奶油分为淡奶油、掼奶油和厚奶油。奶油的乳脂含量达80%，水分含量达16%，奶油因其特殊的芳香和营养价值备受人们欢迎。猪油在中式点心中被大量使用，在西式点心中使用不多。黄油长期贮存应放在－10 ℃的温度下，短期贮存在5 ℃左右的冷藏温度下。因黄油易氧化，所以在存放时应避免光线直接照射，且应密封保存。

③氢化油。

通常情况下，氢化油很少直接食用，多作为人造奶油、起酥油的原料。氢化油多采用植物油和部分动物油为原料，如棉籽油、葵花籽油、大豆油、花生油、猪油、牛油和羊油等。

油脂氢化的目的有以下几点：使不饱和的脂肪酸变为饱和脂肪酸，提高油脂的饱和度和氢化稳定性；使液态油变为固态油，可以提高油的可塑性；能够提高油脂的起酥性，提高油脂的熔点，便于制品的加工和操作。

④人造黄油。

人造黄油又称麦淇淋。人造黄油是以氢化油为原料，添加适量的牛乳或乳制品、香料、色素、乳化剂、防腐剂、抗氧化剂、食盐和维生素，经混合、乳化等工序而制成的。人造黄油外观呈均匀一致的淡黄色或白色，有光泽；表面洁净，切面整齐，组织细腻均匀；具有奶油香味，无不良气味。人造黄油品种主要有餐用人造黄油、面包用人造黄油、起层用人造黄油和通用型人造黄油。人造奶油的乳化性和加工性能比奶油要好，是奶油的良好替代品。

⑤起酥油。

起酥油是指由动植物油脂、食用氢化油、高级精制油或上述油脂的混合物，经过混合、冷却塑化而加工出来的具有可塑性、乳化性等加工性能的固态或流动性的油脂产品。起酥油外观呈白色或淡黄色，质地均匀。起酥油和人造黄油的区别是起酥油中没有水相。起酥油的功能特性是可塑性、酪化性、起酥性、乳化性、吸水性和稳定性，起酥性是其最基本的特性。

⑥粉末油脂。

粉末油脂主要是用现代高科技手段，以植物油、玉米糖浆、优质蛋白质、稳定剂、乳化剂和其他辅料为原料，采用微胶囊技术加工成的水包油型制品。

粉末油脂又称奶精，具有稳定性高、流动性好的特点，能够根据不同的要求调整油脂含量和其他营养素的含量，大大提高了生物的消化率、吸收率和生物效价。粉末油脂可用于乳品（婴幼儿、中老年、孕妇、产妇配方奶粉，含乳饮料等）、婴儿食品、糕点、冷食、饮品、面食、肉制品等加工中，是食品企业生产高质量、上档次、新产品的好原料。

（2）油脂的加工性能

①油脂的起酥性。

起酥性是油脂在烘焙食品中的最重要性能，油脂的起酥性能够使饼干、酥饼等烘焙制品具有酥脆的特性。猪油、起酥油、人造黄油都有良好的起酥性，植物油的起酥性效果不好，固态油脂比液态油脂的起酥性能好。鸡蛋、乳化剂和奶粉等原料对起酥油有辅助作用。油脂和面团搅拌混合的方法及程度要恰当，乳化要均匀，投料顺序要正确。

②油脂的可塑性。

油脂的可塑性是人造黄油、黄油、起酥油、猪油等油的最基本特征。可塑性是指在外力作用下可以改变自身形状，甚至可以像液体一样流动的性质。固态油脂在面包、派皮、蛋糕、饼干面团中可以呈点状、球状、片状、条状和薄膜状分布，就是由油脂的可塑性决定的。因而固态油脂要比液态油脂润滑更大的面团表面积。一般可塑性不好的油脂，起酥性和融合性也不好。

③油脂的融合性。

油脂的融合性也叫充气性，是指油脂经过搅拌处理后，包含空气气泡的能力，或称拌入空气的能力。油脂的融合性与其成分有关，油脂的饱和度越高，搅拌时吸入的空气越多，搅拌时搅打程度越充分，油脂结合的空气也多。起酥油的融合性比黄油和人造黄油好，猪油的融合性差。

④油脂的乳化性。

油脂的乳化性是指在烘焙产品中常遇到水和油混合的问题。如果油脂中添加一定量的乳化剂，则有利于油滴均匀稳定地分散在水相中，或水相均匀分散在油相中，使成品组织酥松、体积大、风味好。因此制作重油、重糖的蛋糕、酥点类制品要添加一定量的乳化剂。

（3）油脂在西点中的作用

①油脂在面包中的作用。

第一，改善面团的物理性质。调制面团时加入油脂，可阻止水分向蛋白质胶粒内部渗透，限制面粉中的面筋蛋白质吸水形成面筋，使已形成的面筋微粒相互隔离，不易黏着成大块的面筋，降低面团的弹性、黏性、韧性，从而增强面团的可塑性。

第二，提高面团的加工性能。油脂的可塑性能增强面团的延伸性，使制品形成均匀的层状组织；同时油脂也可以防止面团过于黏着，使操作过程更容易。油脂还可以软化面筋，使制品组织均匀、柔软，口感改善。油脂在面团中充当蛋白质和淀粉的润滑剂，使面团发酵过程中的膨胀阻力减小，有利于面团的膨胀，促使面包体积增大；油脂可防止水分从淀粉向面筋转移以及淀粉的老化，延长面包的货架寿命。

第三，增加面包的风味。油脂自身有独特的香味，通过烘焙或以油作为传热介质，会发生美拉德反应。在水、高温以及缺氧条件下，少量油脂发生分解、酯化反应，产生新的芳香。

②油脂在蛋糕中的作用。

第一，油脂的融合性可促使蛋糕体积膨大。油脂在高速搅拌的情况下会裹入大量空气，从而促使面糊膨胀和蛋糕体积膨大。饱和程度越高、可塑性越强的油脂有着越佳的融合性，有利于增大油脂类蛋糕的体积。

第二，油脂的疏水性可使蛋糕更加细腻柔软。有利于降低面团的弹性、韧性等。在烘烤过程中，油脂的存在可以减少蛋糕水分的散失，进一步保证蛋糕细腻柔软。

第三，油脂的乳化性可增强面糊的稳定性。加工性油脂中添加适量的乳化剂，使之具有良好的乳化性能，有利于蛋糕面糊中油、水、蛋液的均匀混合，从而增强面糊的稳定。

第四，增加蛋糕风味。在烘焙过程中，油脂在高温缺氧的情况下会发生分解、酯化反应，并结合自身特殊的芳香产生独特的香味。

（4）油脂的质量检验与保管

①油脂的质量检验。

在实际工作中，油脂的质量通常用感官检验，分别从它的色泽、口味、气味和透明度去观察。如质量好的油脂色泽微黄、清澈明亮，吃到嘴里没有哈喇味和异味。

②油脂的保管。

食用油脂若保管不当，会发生油脂酸败。为了防止这种现象的发生，油脂应放在低温、避光、通风处，避免与杂质接触，尽量减少存放时间。

3）糖

糖也是西点制作中的重要原料之一，对西点成品质量影响很大。糖在西点中用量很大，常用的糖及其制品有蔗糖、糖浆、蜂蜜、饴糖、糖粉等。蔗糖根据原料加工程度不同可分为白砂糖、黄砂糖、赤砂糖、绵白糖、单晶体冰糖、多晶体冰糖、红糖、黑糖等，在西点中常用的糖有白砂糖、绵白糖、红糖等。随着人们对健康的要求越来越高，很多新型甜味剂被添加在西点中，如糖醇。

（1）糖的分类

①白砂糖。

白砂糖简称砂糖，是西点中广泛使用的糖。白砂糖纯度很高，根据结晶大小可以分为粗砂糖、中砂糖和细砂糖三种。制作海绵蛋糕、各式面包及各种需要经过煮熟的原料一般用粗砂糖。

细砂糖颗粒细小，容易融化，一般用于短时间搅拌的产品，如小西饼、分蛋法的戚风蛋糕。

②绵白糖。

绵白糖是由细粒的白砂糖加适量的转化糖浆加工制成的。其晶粒细小、均匀，颜色洁白，质地细腻、柔软、甜度较高。

③蜂蜜。

蜂蜜是一种天然糖浆，主要成分是葡萄糖和果糖，还有少量的蔗糖、糊精、淀粉酶、有机酸、维生素、矿物质、蜂蜡及芳香物质，风味独特，营养价值非常高。在西点中主要用于一些特殊制品。但是蜂蜜使用成本较高，属于高级的添加材料。

④饴糖。

饴糖又称糖稀、麦芽糖，一般以粮食为原料，利用淀粉酶或大麦芽酶水解作用制成。饴糖的甜度不如蔗糖，但能代替蔗糖使用，一般作为点心、面包的着色剂。其持水性强，具有保持点心、面包柔软性的特点。

⑤葡萄糖浆。

葡萄糖浆又称淀粉糖浆、化学稀等。它通常是用玉米淀粉加酸或加酶水解，经脱色、浓缩而制成的黏稠液体。其主要成分为葡萄糖、麦芽糖和糊精等，易为人体吸收。在制作西点的某些产品中加入葡萄糖浆能防止蔗糖的结晶反砂，有利于制品的成型。

⑥糖粉。

糖粉是以特质砂糖经粉碎机磨成的粉末状物质，颜色洁白、体轻，吸水快溶，较有黏性。糖粉磨碎后要加入少许淀粉，防止结晶，因此糖粉溶在水中不是透明状的。在西点的制作中常用于短时搅拌的制品，如小西饼、面包馅料、各式面糊、面团等，常用作装饰。

⑦甜味剂。

西点中还有一些常用甜味剂，如果葡糖浆、结晶果糖、麦芽糖系列和一些功能性低的聚糖。甜味剂应用在西点中可保持制品香味、延缓氧化。甜味剂不仅可作为一种特殊的营养成分添加在西点中，还经常用于糖果、营养补助剂、保健食品、糕点、果酱和果汁的生产中。

（2）糖的一般性能

糖的一般性能见表1-2。

表1-2　糖的一般性能

甜度	又称比甜度，糖的甜度没有绝对值，目前主要用人的味觉做比较，一般以10%或15%的蔗糖水溶液在20 ℃时的甜度为1.0，其他糖的甜度则与之相比较得出
溶解性	指糖类具有较强的吸水性，极易溶解在水中。溶解性最好的糖是果糖。溶解性与温度有关，与糖颗粒大小及搅拌也有关
结晶性	是指糖在浓度高的糖水溶液中，已经溶化的糖分子又会重新结晶的特性。蔗糖极易结晶，还能变得更大。不易结晶的糖可以抑制易结晶的糖
吸湿性	是指在较高空气湿度的情况下吸收水分的性质。糖的吸湿性有利于保持点心的柔软和提高点心的货架寿命。山梨醇常作为保湿剂在烘焙食品工业中被广泛应用
渗透性	具有很强的渗透压，糖分子很容易渗透到吸水后的蛋白质分子或其他物质中，而把已吸收的水分排出。较高浓度的糖可以抑制微生物的生长
黏度	利用糖的黏度可以提高产品的稠度和可口性

糖类在实际应用中，会产生焦糖化反应和美拉德反应。

①焦糖化反应。

不同的糖对热的敏感性不同，其中，果糖、麦芽糖和葡萄糖对热非常敏感，易形成焦糖。含有大量这三种成分的饴糖、转化糖、果葡糖浆、蜂蜜等常作为西点着色剂，以加快制品的上色速度，促进制品颜色的形成。在实际制作过程中，把焦糖化反应控制在一定程度，可使烘焙制品产生悦目的色泽和可口的风味。

②美拉德反应。

美拉德反应，又称羰氨反应，是使烘烤制品表面着色的另外一个途径，也是烘焙制品产生特殊香味的重要来源。在美拉德反应中除了产生色素外，还会产生一些挥发性物质，形成特殊的香味。

影响美拉德反应的因素有温度、还原糖量、糖的类型、氨基化合物的类型、pH值等。不同的糖发生美拉德反应程度不同，在受到高温后，不同种类的氨基酸、蛋白质参与引起褐变的颜色也不同。

（3）糖在西点中的作用

①增加制品的甜味。

在烘焙各种制品中，需大量用到各种不同的糖，糖的甜味赋予制品明显的风味。焦糖化反应和美拉德反应又使得制品形成独特的香味和甜味。

②调节面团发酵速度。

糖可以作为面团发酵中酵母的营养物，促进酵母的生长繁殖，能产生大量的二氧化碳气体，使制品膨大疏松。在一定范围内，加糖量越多，面团发酵速度越快，加糖越少，面团发酵速度越慢。若糖的用量超过8%，会使渗透压增大，使酵母细胞的水分平衡失调，发酵速度也会减缓。

③调节面团筋力。

由于糖的渗透性，在面团中加入水后，糖不仅吸收面团中的游离水，而且还易渗透到吸水后的蛋白质分子间，使面筋蛋白质中的水分减少，向外渗透，从而降低蛋白质胶粒的胀润度，使面筋形成度降低，面团弹性减弱。因此，糖的这种反水化作用可以调节面筋的胀润度，增强面团的可塑性。

④是良好的着色剂。

由于美拉德反应和焦糖化反应，在烘焙过程中，糖可使制品形成漂亮的金黄色、棕黄色外皮，起到改善制品的色泽、装饰美化制品的作用。

⑤为酵母提供能源。

糖是酵母发酵的主要能量来源，有助于酵母的繁殖和发酵。但也要注意糖的用量，如点心面包的加糖量不宜超过20%～25%，否则会抑制酵母的生长，延长发酵时间。

⑥具有防腐作用。

对于一定浓度的制品（如各种果酱、水果罐头），糖的渗透性能使微生物迅速脱水，使细胞质壁分离，产生生理干燥现象，从而使微生物的生长发育受到抑制，进而减少微生物对糖制品造成的腐败。

4）蛋

蛋在西点中的作用也十分明显，而且用量很大。蛋品的常见种类有鲜鸡蛋、冰蛋和蛋粉，其中西点中用量最大的是鲜鸡蛋。鸡蛋不仅产量大、成本低，而且味道柔和、性质柔软，是西点用蛋的最佳原料。

（1）鸡蛋的工艺性能

①起泡性。

鸡蛋的起泡性主要是蛋白的起泡性，是指将蛋白激烈搅打后，可以形成大量稳定的包含空气泡沫的性质。

蛋白是一种亲水性胶体，蛋白经过强烈的搅打，蛋白膜将混入的空气包围起来形成泡沫，由于受表面张力的制约，泡沫成为球形；同时，蛋白质胶体具有黏度，和加入的原材料附着在蛋白泡沫的四周，使泡沫层变得浓厚结实，增强了泡沫的物理稳定性。制品在烘烤时，泡沫内的气体受热膨胀，增大了产品的体积，这时的蛋白质受热变性凝固，制品疏松多孔并且具有一定弹性和韧性。所以，蛋糕体积增大的主要原因是蛋白的起泡性。

蛋白也可以单独搅打成泡沫状，用于制作西点装饰材料，如天使蛋糕、蛋白糖、奶白膏等。蛋黄也具有起泡性，只是不足蛋白的1/4。其中，黏度、油脂和杂质、pH值、温度、蛋的质量等都会影响鸡蛋的起泡性。

②乳化性。

鸡蛋的乳化性主要指蛋黄的乳化性，这一特性在一些产品的制作中非常有利，比如蛋黄酱和海绵蛋糕的制作。蛋黄里含有许多卵磷脂，磷脂具有亲水和亲油的双重性质，是一种理想的天然乳化剂。它可以使油、水和其他材料均匀地分布到一起，使制品组织细腻，质地均匀、疏松可口，保持一定水分，在贮存期保持柔软。

③凝固性。

鸡蛋对热极为敏感，受热后凝结变性。温度在54～57 ℃时，蛋白开始变性，到60 ℃时，变性加快，超过70 ℃蛋黄变稠，达到80 ℃蛋白质完全凝固。蛋液在凝固前，它的组织细胞发生重组，整个蛋白质分子结构由原来的立体状态变成不规则状态，亲水基由外部转到内部，疏水基由内部转到外部。很多这样的变性蛋白质分子结构互相撞击、互相贯穿而缠结，形成凝固物质。这种凝固物体经高温烘焙失水成为带有脆性、光泽的凝胶片。在面包表面涂上一层蛋液，可增加制品表面的光亮度，增强制品美观度。

（2）鸡蛋在西点中的作用

①增加制品的营养价值，改善制品的风味。

②作为软性材料，添加到西点中，可增强面团的筋度、韧性，使制品富有嚼劲和弹性。

③发生美拉德反应，起到增色的作用，使制品表面形成漂亮的金黄色。

5）乳制品

乳制品是西点中添加的比较高档的原料，一般常见的乳制品有牛奶、奶粉、炼乳、淡奶、酸奶、鲜奶油、酸奶油、奶酪等。

（1）乳制品的分类

①牛奶。

牛奶，是一种淡黄色或乳白色的不透明液体，具有特殊的芳香味。

②奶粉。

奶粉是以鲜奶为原料，经过浓缩干燥制成的。奶粉不易变质，因此贮存、运输、使用方便。奶粉有全脂、半脂和脱脂三种类型，在西点中广泛使用。

③炼乳。

炼乳主要有甜炼乳和淡炼乳两种。甜炼乳是将砂糖加入新鲜的牛乳中，经过加热处理，部分水分蒸发，形成加糖的浓缩奶品。甜炼乳非常浓稠且甜味较重。因其体积小、水分少、含有大量糖分，所以只需常温保存即可。在西点中常用甜炼乳制作布丁之类的甜食。

④淡奶。

淡奶又称奶水或蒸发奶，是将新鲜牛奶蒸馏去除一些水分后得到的乳制品。因淡奶乳糖含量较高，故比牛奶甜。

⑤酸奶。

酸奶是在牛奶中添加乳酸菌，经过发酵后再冷却而制得的，其发酵过程中会产生很多芳香物质。近年来，酸奶也越来越多地被应用到西点制作中。

⑥鲜奶油。

鲜奶油又称稀奶油、淡奶油。奶油是从鲜牛奶中分离出来的乳制品，一般为乳白色稠状液体，乳香味浓，具有丰富的营养价值和食用价值。根据含脂率的不同，鲜奶油可以分为单奶油、双奶油和起沫奶油三种。这三种奶油的打发稠度取决于其含脂率的大小。

现在市场上多使用植物奶油来替代动物奶油。植物奶油的主要成分是棕榈油、玉米糖浆及氢化物、维生素等，植脂奶油通常是已经加糖的，而动物性奶油一般不含糖。

⑦酸奶油。

酸奶油是在鲜奶油基础上添加乳酸菌，在22 ℃的环境中发酵制成的，常用在蛋糕、慕斯等西点制作中。

⑧奶酪。

奶酪又称干酪、计司、乳酪、芝士等。它是奶在凝化酶的作用下，使奶中的酪蛋白凝固，在微生物与酶的作用下，经较长时间的生化变化加工制成的一种乳制品。奶酪营养价值很高，含有丰富的蛋白质、脂肪、钙、磷等矿物质和丰富的维生素。奶酪的品种非常多，达上千种。最常用的奶酪是奶油奶酪、马士卡彭奶酪、马苏里拉芝士、帕马臣奶酪等。

（2）乳制品在西点中的作用

①提高面团的发酵耐力。

②奶制品也是软性材料，可以提高面团筋力。

③改善制品内部组织，使制品柔软、疏松、富有弹性。

④促进制品上色，是良好的着色剂。

⑤增加制品的奶香味。

⑥延缓制品的老化时间。

2.2　常用的辅助原料

1）巧克力

巧克力是烘焙中非常流行的元素，也是西点中非常高档的材料。无论是简单的甜品，还是出现在重要场合的高档蛋糕，都有巧克力作为装饰。巧克力也常作为面包、蛋糕、饼干等的夹心、夹层、表面涂层、装饰配件等。它赋予制品浓醇的香味、华丽的外观品质、细腻润滑的口感。

巧克力是由可可树的果实可可豆发酵和干燥后，再经过清理、焙炒、研磨和调配等工序加工而制成的精美的、耐保藏的、高热值的固体食品。巧克力是以可可浆、可可粉、可可脂、类可可脂、代可可脂、乳制品、白砂糖、香料和表面活性剂等为基本原料，经过混合、研磨精炼、调温、浇模成型等工序科学加工而成的，具有独特的色泽、香气、滋味。

（1）巧克力的种类

按配方中原料油脂的性质和来源不同，巧克力可以分为天然可可脂纯巧克力和代可可脂纯巧克力两大类。天然可可脂纯巧克力所用油脂是从可可豆中榨取的；而代可可脂巧克力所用油脂大部分是由植物油氢化分馏后制成的。按照所加辅料不同，巧克力又可分为黑巧克力、白巧克力、牛奶巧克力、巧克力酱和特色巧克力。

①黑巧克力。

黑巧克力是用可可液块兑入糖和可可脂经过长时间精磨后，凝铸而成的大块或颗粒状的巧克力。它的外表呈棕褐色和棕黑色，具有一定苦味，由可可浆、可可粉、代可可脂、香兰素和表面活性剂等原料制成。

②白巧克力。

白巧克力是将可可脂、糖和乳固体混合起来经过长时间精磨后，凝铸而成的乳白色大块或颗粒状的巧克力。白巧克力不含可可粉，且不同厂家生产的白巧克力的可可脂含量不同。

③牛奶巧克力。

牛奶巧克力和白巧克力的配方基本相似，即使用牛乳固体、糖、可可液块和可可脂经过混合、研磨、冷却等工序加工而成。少量乳糖的加入使牛奶巧克力口味更具特色。牛奶巧克力的奶脂和可可脂含量一般为20%～35%，牛乳固体含量为10%～15%。

④巧克力酱。

巧克力酱是以巧克力、可可粉和牛奶等原料制成的酱状巧克力。

⑤特色巧克力。

特色巧克力是以白巧克、黑巧克力、牛奶巧克力等为基础，添加一定原料制成的具有新风味的纯巧克力。如咖啡巧克力、蓝莓巧克力、草莓巧克力。

（2）巧克力工艺特性

①巧克力的可塑性。

巧克力在不同的温度下有不同的特性和存在形式，在不同温度下对巧克力进行处理，加以不同的工具，可以制作出不同造型的巧克力。由于巧克力本身的特点，巧克力对温度和湿度异常敏感，因此必须对温湿度严格控制，才能保证巧克力涂层、造型等光亮的外表和质地。巧克力调温定型包括三步骤：融化—调温—回温。

第一步，融化。切碎的巧克力可利用隔热法（水浴加热法）或微波直接加热法使巧克力融化。品质好的巧克力熔点较低，水浴加热温度为60～80 ℃，通过搅拌保持均匀；如果是微波加热，约需要1分钟即可融化。

第二步，调温。调温又称冷却或预结晶，是巧克力经融化后，全部或部分巧克力冷却至黏稠的糊状，可进行沾浸、涂层、塑性、淋面等操作。调温的目的是让巧克力中的可可脂形成稳定的晶体结构，赋予巧克力光亮的外表和优良的质地。不同巧克力熔点是不一样的，这取决于巧克力的成分。

第三步，回温。调温后的巧克力过于黏稠，无法用于沾浸、淋面等操作，因此使用前需稍微加热。在回温过程中，想要达到理想的温度来制作巧克力必须谨慎小心，如果巧克力过于黏稠，可加入少量的油脂、奶油等。

②巧克力的装饰性。

巧克力产品本身有非常好的质感，淳朴自然又不失高端大气，还有诱人的颜色和口味，装饰性极强。装饰巧克力利用巧克力本身的特性和不同色彩搭配对制品进行加工，它综合了色彩美学、组织结构和审美意识等方面的知识。如巧克力淋面蛋糕、巧克力糖果、巧克力插件摆放等。

制作巧克力产品不仅要正确掌握不同巧克力的温度和属性，而且还要结合制品本身的特点和要求，这样才能制作出美味可口的产品。

2）可可粉

可可粉是西点中常用的增色和增香辅助原料。可可粉以可可豆为原料，经脱脂而成可可浆。可可浆经压榨除去部分可可脂制成可可饼，再将可可饼粉碎、磨油、筛分后即制得可可粉。可可粉与面粉混合制成各种巧克力面包、蛋糕、饼干、慕斯和其他甜品。可可粉和奶油一起调制成巧克力奶油用于西点的表面装饰和夹馅，还可以直接撒面。

按其加工工艺可可粉可分为天然可可粉和碱化可可粉两类。天然可可粉需要加一定量的小苏打中和其中的酸，同时也可以改善色泽；碱化可可粉是将可可豆或可可液块进行碱化处理后制成的可可粉，溶解性较高。

可可粉中含脂率一般在20%，可分为无味可可粉和甜味可可粉。无味可可粉常与其他粉料混合制作面包、蛋糕、饼干、慕斯、可可味奶油膏等；甜味可可粉常用来调制甜品夹馅、热饮、馅料等。

3）果品

果品是西点中重要的辅助原料，在西点制作中用途十分广泛。果料的使用方法是直接将其制品加入面团、馅心或用于装饰西点表面。西点中常用的果料有干果仁、干果和水果或其他制品。

（1）干果仁

在西点制作中常用到的干果仁有花生仁、芝麻仁、核桃仁、开心果仁、榛子仁、杏仁、葵花籽仁、松子仁等，尤其以杏仁使用最多。杏仁常常加工成杏仁片、杏仁碎、杏仁粉、杏仁泥等，用来制馅、调制面团、撒面等。

果仁烘烤应把握好温度，去除杂质。在保存过程中要注意防潮，放在避光地方，及时使用，因含有大量的不饱和脂肪酸，容易氧化，所以需妥善保管。

干果的使用目的如下：提高制品营养价值；增加制品独特风味；调节制品品种多样性；使制品美观富有层次感。

（2）干果和水果

干果也叫果干，是水果脱水干燥后的产物。水果在干燥的过程中，水分大量减少，蔗糖转化为还原糖，可溶性固形物与碳水化合物含量大大提高。在西点烘焙中常用到的果干有西梅干、蔓越莓干、葡萄干、树莓干、圣女果干等。果干一般在加入蛋糕、面包时需提前用酒软化，使质地更加柔软。

新鲜水果和罐头水果在西点中使用广泛，主要用于蛋糕、慕斯、蛋挞、派等的表面装饰或夹馅，常用的水果有杧果、草莓、蓝莓、猕猴桃、圣女果、苹果、火龙果、树莓、樱桃、香蕉、桃子、菠萝、黄桃、柠檬、橙子、李子、哈密瓜、西瓜、提子等。

（3）其他制品

其他制品如糖渍产品，蜜饯、水果罐头、果酱和果泥等也经常在西点中添加使用，常常作为馅料和夹馅使用。

4）酒类

在西点中常常会使用调味酒来改善制品的风味，巧妙地用酒来调味，会使西点的口味锦上添花，更加香醇。据说，在德国店面如果制作黑森林蛋糕，加入的樱桃酒达不到规定的用量，被顾客发现，该店面会负法律责任。在使用调味酒的过程中要根据西点制品的品种来确定其用量。由于酒对热敏感并且具有挥发性，应尽可能在西点冷却阶段或制作后期加入。

（1）白兰地

白兰地是葡萄经过榨汁、去皮、去核、发酵等工序，得到的酒精度较低的葡萄原酒，再将葡萄原酒蒸馏得到的无色液体，通常放在橡木桶里保存。白兰地的存储时间越长，酒味越醇，因长时间与橡木桶接触而变成金黄色。世界各地都产白兰地，以法国干邑白兰地尤为出名。因为白兰地有浓郁的香味，在西点制作中使用广泛，各种馅料、夹层、慕斯、风味蛋糕、冷品等加上一点能就使风味十分突出。

（2）威士忌

威士忌是以大麦、小麦、黑麦、燕麦和玉米等谷物为原料，经发酵、蒸馏后放入橡木桶中陈酿多年后，调配成43度左右的烈性蒸馏酒。英国人称之为"生命之水"，按照产地可以分为苏格兰威士忌、爱尔兰威士忌、美国威士忌和加拿大威士忌。

（3）朗姆酒

朗姆酒也叫糖酒，是以甘蔗为原料生产的一种蒸馏酒。根据不同原料和不同酿制方法可分为朗姆白酒、朗姆老酒、淡朗姆酒、朗姆常酒、强香朗姆酒等。朗姆酒主要生产于古巴、牙买加、特立尼达和多巴哥等加勒比海国家和地区。在西点制作中，常用朗姆酒增加风味，尤其在泡葡萄干时加些朗姆酒，能够突出葡萄干的风味。

（4）葡萄酒

葡萄酒的著名生产国有法国、意大利、西班牙、德国、瑞士等。其中意大利、西班牙和法国是世界三大葡萄酒生产国。最有名的是法国勃艮第产区。葡萄酒品种很多，可以按含糖度数分类，也可以按照颜色来分。西点中使用干红葡萄酒较多。

（5）果酒

常用到的果酒有苹果蒸馏酒、梨蒸馏酒、龙胆蒸馏酒、樱桃蒸馏酒、蓝李蒸馏酒和黄李蒸馏酒以及覆盆子蒸馏酒。这些果酒因本身自带水果的清香味以及酒的醇香味，加入西点中别有一番风味。

（6）利口酒

利口酒也称"力娇酒"，是以葡萄酒、白兰地、朗姆酒、金酒或伏特加等为基酒，加入果汁或果浆，再浸泡各种水果或香料植物，经过蒸馏、浸泡、熬煮等过程制成的。常作为餐后甜酒饮用，或用来制作冰激凌、布丁和甜点。

在西点制作中加入酒类常能增加制品的风味和特色，如可增加甜品、布丁、馅料、甜汁、慕斯蛋糕和一些风味蛋糕的风味。

5）香辛料

香辛料是一类可以带给食物各种香味、辛辣、苦甜等典型气味的食用植物香料的简称。植物香料分为草本香料、非草本香料、籽类香料及以上复合香料。香辛料不仅是菜肴的重要调味品，也是烘焙制品中必不可少的重要辅料。在一些特色西式点心中加入适当的香料，可以使制品的味道更加纯正地道，风味特征更加明显。

在西点制作过程中常用的香辛料有香叶、罗勒叶、迷迭香叶、月桂叶、牛至、莳萝、麝香草、桂皮、豆蔻、他拉根等；也有经过晒干、烘干等过程，再粉碎成颗粒或粉状后使用的，如辣椒粉、五香粉、咖喱粉、茴香粉等；还可以将香辛料通过蒸馏、萃取等工艺，提取其精油，经稀释后使用，如芥末油、姜油以及各种香料油。

6）淀粉及其他粉料

（1）淀粉

淀粉主要是指以谷物、薯类、豆类及各种植物为原料，不经过任何化学方法处理，也不改变淀粉内在的物理和化学特性而生产的原淀粉。我们在西点中常使用的淀粉有玉米淀粉、马铃薯粉、小麦淀粉和其他类淀粉。

淀粉在西点制作过程中，可以改善面粉的物理性质，保持西点的嫩滑，还经常用于馅料制作和作为增稠剂使用。

（2）杂粮粉

杂粮粉是指由其他谷物和粮食作物研磨而成的粉料，主要的杂粮粉包括荞麦粉、大豆粉、燕麦粉、黑麦粉、马铃薯粉、米粉等。这些粉料本身不含面筋，故经常和小麦粉混合使用。很多整粒杂粮粉也经常撒在西点的表面作为装饰，同时也可提高西点的营养价值。

（3）卡仕达粉

卡仕达粉也称吉士粉，是一种混合型辅助料，呈淡黄色粉末状，具有浓郁的奶香味。卡仕达粉由疏松剂、稳定剂、食用香精、奶粉、淀粉和填充剂组合而成。一般用牛奶、果汁和水稀释。卡仕达粉常用来做卡仕达酱，在西点中使用很广泛，常用作蛋糕、面包、泡芙的馅料、表面装饰料等，也可以制作成奶油膏。

（4）预拌粉

预拌粉是指将某种烘焙产品所需的原辅料，依配方的用量混合起来的粉料。其优点是：可使烘焙制品质量稳定，原料损耗少；有利于提高生产效率；有利于提高经济效益；有利于工厂、烘焙店的良性发展；有利于消费者吃到更鲜美的烘焙产品。

预拌粉根据其特点可以分为：面包预拌粉、蛋糕预拌粉和饼干预拌粉。其中面包预拌粉有裸麦面包预拌粉、多谷面包预拌粉、金谷面包预拌粉、玉米面包预拌粉、番茄面包预拌粉。蛋糕预拌粉分为麦丰蛋糕预拌粉、黄油沙子蛋糕预拌粉、海绵蛋糕预拌粉、圣诞姜饼预拌粉、沙哈蛋糕预拌粉、布朗尼蛋糕预拌粉等。

（5）慕斯粉

慕斯粉也叫木司粉、毛士粉，是指经过高科技处理的由天然水果、酸奶、咖啡、坚果的浓缩粉和颗粒、增稠剂、乳化剂、天然香精等组成的粉状或带颗粒的半制成品。慕斯粉在西点制作中十分常见，使用也十分方便，应用很广泛，主要用于制作慕斯蛋糕、切块蛋糕、瑞士卷、泡芙等。

常见的慕斯粉品种有草莓、甜橙、西番莲、柠檬、酸奶、乳酪、提拉米苏、坚果、卡布奇诺、巧克力等。

（6）布丁粉

布丁粉是制作布丁的半成品原料，主要由增稠剂、变性淀粉、果胶、乳化剂、香精和色素组成。常见的布丁粉有哈密瓜口味、草莓口味、蓝莓口味、柠檬口味、橙子味、酸奶味、牛奶味、西瓜味、焦糖味等。布丁粉使用方便，制作的成品质量较为稳定。

（7）绿茶粉

绿茶粉也叫抹茶粉，是一种颜色翠绿、细腻、营养、健康、天然的茶粉。绿茶粉是幼嫩茶叶经脱水干燥后，在低温状态下被瞬间粉碎成200目以上的纯天然的茶叶超微细粉。目前，绿茶粉的用途十分广泛，是西点中的高档材料，常用来调色和增香。

（8）食盐

在西点制作过程中，通常要选用精盐，主要是平衡味感，使之适口，而不加盐的蛋糕味道甜腻，盐可以降低甜度，还可以产生其他风味。食盐是制作面包的四大基本原料之一，虽用量不大，但不可缺少。如法国面包等可以不用糖，但必须用盐。

①盐的种类。

a. 按来源分类，可分为海盐、湖盐、矿盐、井盐。

b. 按加工程度分类，可分为粗盐、细盐、精制盐。

c. 按其用途分类，可分为加碘盐、调味盐。

②食盐的使用量。

a. 在面包中的用量：0.8%～2%

b. 在蛋糕、饼干中的用量：1%～3%

③盐在西点中的作用。

a. 增进西点的风味，平衡味感。

b. 增加面团调制时间，调节和控制发酵速度，起到稳定发酵的作用。

c. 增强面筋筋力和改善西点的内部颜色。

（9）水

水是西点制作的重要原料，在面包制作中，水的用量占面粉的50%以上，是制作面包的四大基本原料之一，在饼干和糕点中也是不可缺少的。水的软硬度、pH值和温度对西点面团的形成特点起着十分重要甚至关键的作用。

①水的分类。

a. 按水源分类，水可分为地面水和地下水。地面水是指河水、江水、湖水和水库水，矿物质含量较少，水质软。地下水是指泉水、深层地下水，矿物质含量多，水质硬或含铁、氟过高而不适合饮用。

b. 按水质分类，水可分为软水和硬水。软水是指矿物质溶解较少的水、雨水、蒸馏水。硬水是指矿物质溶解较多的水、暂时硬水（加热分解）、碱性水、酸性水、咸水（含氯化钠较多）。

②水质对面团和面包的影响。

a. 硬水的影响。硬水易使面筋硬化，增强面筋韧性，抑制面团发酵，面包体积小，口感差，易掉渣。遇到硬水，可煮沸降低其硬度，在工艺上增加其酵母用量，可提高发酵温度，延长发酵时间。

b. 软水的影响。软水易使面筋软化，面团黏度大，吸水率下降，面团不易发泡，易塌陷，体积小，出品率下降。遇到软水，改良的方法是添加面团添加剂和酵母。

③西点用水的选用标准。

a. 符合饮用水卫生标准。

b. 根据面团的性质要求选择恰当的水温和水量。

c. 面包用水比较严格，以中等硬度（8～12）pH值略小于7（5～6）为好。

④水在西点中的作用。

a. 溶解干性原料，混合均匀成面团，调节面团软硬和温度。

b. 面粉中的蛋白质吸水后，促进面筋形成。

c. 有利于酵母增殖和发酵。

d. 水可以控制面团的软硬度，增强面团的可塑性。

e. 水可作为传热介质。

f. 能保持西点柔软、湿润，延长储存期。

2.3   常用的食品添加剂

西点中常用的食品添加剂有天然食品添加剂和化学合成添加剂两大类。天然食品添加剂是以动植物或微生物的代谢产物为原料，经加工提取所得的天然物质。化学合成添加剂是通过化学手段，利用氧化、还原、缩合、聚合等反应所得到的物质。常用的食品添加剂有乳化剂、膨松剂、赋香剂、改良剂、凝胶剂、食用色素、其他添加剂等。

1）乳化剂

乳化剂是一种多功能的表面活性剂，具有两个功能基团：亲水基团和亲油基团。亲水基团可以吸引水层，而亲油基团则可以包围油层。乳化剂的作用是可以把本来不相溶的两种物质的水相和油相混合成稳定的乳浊液。在食品加工中使用它可以达到乳化、分散、起酥、稳定、保水和防止制品老化的作用，同时可以改进食品风味，延长其货架寿命。常用的乳化剂有单甘油酯、大豆磷脂、丙二醇脂肪酸脂、蛋糕油等。

乳化剂在面包中可使油脂分散良好，从而达到被面筋充分吸收，改善面团的物理性质和加工性能，增加面团的稳定性、弹性和柔软性。利用这些特性可大大提高面包的机械生产率，生产出大量的优质产品。面包乳化剂还可以延缓小麦淀粉老化的时间，较长时间保持面包的水分和柔软性，延长了产品的保存期。

乳化剂对蛋糕的作用也很明显，制作蛋糕常用蛋糕油做乳化剂。蛋糕油是一种半透明的膏状体，具有发泡和乳化的双重功效。具体作用表现为以下几点：缩短蛋糕的搅拌时间，提高蛋糕面糊泡沫的稳定性；提高生产效率，优化生产工艺；改善蛋糕成品质量；延缓淀粉老化时间，延长货架寿命。

2）膨松剂

膨松剂又称疏松剂、膨胀剂，是制作蛋糕、饼干常用的一类添加剂，也是西点中常用的添加剂。它可以使制品在烘焙、蒸煮、油炸时体积增大，改善制品内部组织结构，使其更能满足食用、消化以及造型上的要求。膨松剂一般分为化学膨松剂和生物膨松剂两大类。

（1）化学膨松剂

化学膨松剂主要有碱性膨松剂和复合膨松剂，利用化学膨松剂在受热时会分解产生大量的二氧化碳气体的特性，使产品体积膨胀，形成疏松多孔的结构，从而使制品具有酥性和膨松性。膨松剂的种类有碳酸氢钠、碳酸氢铵、复合膨松剂等。

①化学膨松剂的种类。

a. 碳酸氢钠。碳酸氢钠又称"小苏打""小起子"，白色粉末、味微咸、无臭味，是一种基本的化学膨松剂。碳酸氢钠常用于制作饼干和酥饼，用量为0.3%～1.0%，也常常和碳酸氢铵一起使用。使用过程中要结合制品的特点谨慎增加用量，不然会使制品表面形成黄色斑点，从而影响制品口味。

b. 碳酸氢铵。碳酸氢铵俗称臭粉、臭碱，白色粉状结晶，有氨臭味。在较低的温度加热就可以分解产生氨气、二氧化碳气体和水。如果使用不当就会造成制品品质过于酥松，内部出现很多大的空洞。通常情况下，碳酸氢铵要和其他膨松剂一起使用效果更佳。

c. 复合膨松剂。复合膨松剂也叫发酵粉，俗称烘焙粉、泡打粉、发粉等，呈白色粉末状，无异味，能在冷水中分解。复合膨松剂主要是由碱性膨松剂、酸性膨松剂和填充剂三部分组成。目前西点中常用的是双效发酵粉。

由于制品的大小、形状、工艺不同，因此烘焙的温度、时间也不同，应按产品的特点来选择合适的膨松剂。

②化学膨松剂在西点中的作用。

a. 促进蛋糕类制品组织疏松，体积增大。化学膨松剂通过产生二氧化碳气体可以补充蛋糕面糊内气体含量，有利于蛋糕体积的膨大。尤其对蛋量、油脂用量不足的海绵蛋糕、油脂蛋糕能起到十分重要的膨松作用，可以改善制品的口感和外观。对于生产厂家来说，化学膨松剂的使用能在一定程度上提高经济效益。

b. 促进酥性制品组织酥松，口感酥脆。对于油酥类制品，在其面团中添加化学膨松剂可以弥补因为油脂结合空气量不足的缺陷，进一步促进面团在烘烤过程中分解多孔的组织结构，使制品内部组织更加均匀一致，口感更加酥脆。

c. 促进制品上色，改善制品风味。在制作添加巧克力或可可粉的蛋糕时，碱性膨松剂还可以中和可可粉的酸度，使制品烘烤时容易上色且风味更加突出。

（2）生物膨松剂

生物膨松剂主要是指酵母，它是面包生产中不可缺少的重要原料之一。烘焙中所用的酵母是以糖蜜、淀粉等为原料，利用生物工程技术，经发酵法通风培养制得的具有发酵活性的纯生物制品。

①酵母的分类。

a. 液体酵母。发酵罐中抽取的未经浓缩的酵母液。这种酵母使用起来非常方便，但是贮存时间短、运输成本高，不是常用酵母。

b. 鲜酵母。鲜酵母也称压榨酵母和浓缩酵母，是将酵母液除去一部分水分后压榨而成的，其固形物达到30%。由于含水量较高，此类酵母应保存在2～7 ℃的低温环境中，而且保持其湿度，以免水分流失而干掉。鲜酵母中因含有足够水分，所以使用时发酵速度比较快。因其操作迅速方便，面包行业生产者大多采用它。

c. 干酵母。干酵母包括干性酵母、速效干酵母、速溶干酵母等。干酵母在使用前一般要活化，其发酵耐力比鲜酵母强，但是发酵速度较慢，大规模生产面包时，一般不使用。干酵母对空气中的氧气十分敏感，最好在拆开包装后3～5天迅速使用。

②酵母在西点中的作用。

a. 使面团膨大，使制品体积增大、组织疏松柔软。

b. 改善面筋结构，增强面包可塑性。

c. 改善制品风味，使面包口感更好。

d. 增加产品的营养价值，经过发酵后使人体更容易消化吸收。

3）赋香剂

赋香剂是以改善、模仿制品香味和香气为主要目的的食品添加剂，包括香料和香精。香料按不同来源可分为天然香料和合成香料。而香精则是由数种或数十种香料合成的复合香料。食用香精在饮料、乳制品、糖果制品、烘焙制品、膨化食品等各类食品行业中应用十分广泛。

食品香精按剂型可分为液体香精和固体香精。赋香剂的使用应考虑到产品本身的风味和消费者的习惯。一般应选用与制品本身香味协调的香型，而且加入量不宜多。在西点中常用的香精有香草粉、香草油、香兰素、奶香粉、柠檬油、巧克力香精、各种水果味香精等。具有优良风味的天然香料是可可粉、抹茶粉、南瓜粉、紫薯粉、班兰叶汁、柠檬皮、橙皮等。

4）改良剂

面包改良剂是指能够改善面团加工性能，提高产品品质的一类添加剂的总称。面包改良剂是用来弥补面包原料品质不足、提高加工特性、改善成品品质的食品添加剂。现在面包生产中多使用混合型改良剂，包括氧化剂、还原剂、乳化剂、酶制剂、食品营养强化剂、水质调节剂等。

面包生产一般要考虑以下几方面因素：

①原料本身在生产中的缺陷。例如脱脂奶粉多的面团应使用酸性改良剂、酶制剂和氧化剂，新磨的面粉由于后熟作用，要增加氧化剂的用量。

②加工时间、发酵速度。要缩短发酵时间，加快加工进度，可以增加面团改良剂的用量，如增加酶制剂的用量。

③机械化程度。添加适量的酶制剂和氧化剂，可以提高所生产面包的品质和加工的稳定性，同时可以提高产品的产量并延缓淀粉老化的时间和延长产品的货架寿命。

④温度。室温太低要增加改良剂的使用量；反之，则减少使用量。

⑤产品品质。要使西点体积增大，应加大面团改良剂的用量。要使面包色泽好和改善风味，应增加酶制剂的用量。要使外观显得丰满，可增加氧化剂的用量。

5）凝胶剂

凝胶剂又称增稠剂，是改善和稳定西点中食品的物理性质或组织状态的添加剂，它可以增加制品的黏度，改善制品的口感，使制品黏滑、柔滑、可口。西点中常用的凝胶剂有琼脂、明胶、果胶和海藻酸钠。其主要有起泡作用和稳定泡沫作用，黏合作用及成膜作用，保水作用，掩蔽不良气味作用。

（1）琼脂

琼脂是由海藻类的石花菜提炼制成的，有片状、粉状等。琼脂又称琼胶、洋粉、冻粉等，多为糖类物质，是无色或淡黄色粉末，无臭，味淡，口感柔滑，不溶于冷水，溶于沸水。在西点制作中常用作凝胶剂，如果冻、琼脂蛋白膏，也常常加到糕点的馅中，还可以刷在水果的表面保持水果新鲜。

（2）明胶

明胶又称食用明胶、鱼胶、吉利丁，是由动物胶原蛋白经部分水解的衍生物。明胶是制作重要的西点必不可少的原料，也是制作冷冻点心的一种主要原料。明胶为白色或淡黄色带有光泽的脆性薄片，颗粒或粉状，无臭，无味。其中，吉利丁片须存放在干燥处，否则会受潮黏结。吉利丁片使用时先要在冰水中浸泡软化，然后挤掉水分备用。

（3）果胶

果胶存在于水果、蔬菜及其他植物细胞壁和细胞内层，主要成分是多聚半乳糖醛酸。果胶是一种无毒无害的纯天然食品添加剂，几乎无异味，口感黏滑。果胶常常作为果酱、果冻的增稠剂和凝胶剂，作为蛋黄的稳定剂，在西点中起到保水、防硬化的作用。

其中，酯化度大于50%的称为高酯果胶，常常用于制作酸性果酱、果冻、凝胶软糖、糖果馅心及乳酸菌饮料等。酯化度低于50%的称为低酯果胶，主要用于制作酸性果酱、果冻、凝胶软糖以及冷冻甜点、冰激凌等。

6）食用色素

食用色素是以食品着色为目的的食品添加剂。一般用于制品表面装饰和馅心调色，具有提高商品价值和激发人们食欲的功能。色素有三种基本色：红、黄、蓝。其中，红＋黄＝橙，红＋蓝＝紫，黄＋蓝＝绿，橙＋绿＝橄榄，橙＋紫＝棕，绿＋紫＝灰。在西点的裱花蛋糕的装饰中，需要通过调色达到美化装饰的效果。

食用色素按来源分类可以分为食用天然色素和食用合成色素；按溶解性分类可以分为脂溶性色素和水溶性色素。食用天然色素是指从动物和植物中提取的色素，主要有植物色素和微生物色素，其色泽自然、安全，但是着色能力差且容易掉色，会造成产品质量不稳定，所以在实际生活生产中常常使用食用合成色素。目前我国允许使用的食用合成色素有苋菜红、胭脂红、柠檬黄、日落黄和靛蓝等。

（1）常用的食用天然色素

①叶绿素：比如菠菜汁和小白菜汁。

②焦糖：比如糖色。

③可可粉和可可色素：主要用于面团的调色、增香和装饰。

④红曲色素、胡萝卜素、姜黄素、南瓜粉、紫薯粉等。

（2）常用的食用合成色素

①苋菜红：可用于山楂制品、樱桃制品、果味型饮料、果汁型饮料等。

②胭脂红：目前我国使用最广泛、用量最大的一种单偶氮类人工合成色素。

③柠檬黄：因其安全性较高，基本无毒，不在体内贮积，故可作食品染色剂。

④日落黄：橙红色颗粒或粉末，无臭，可用于果味型饮料、果汁型饮料、汽车、配制酒等。

⑤靛蓝，水溶性非偶氮类着色剂，是人类所知最古老的色素之一，广泛用于食品工业中。

7）其他添加剂

①塔塔粉：白色粉末，主要成分是酒石酸氢钾，属酸性盐，有利于帮助蛋白打发以及中和蛋白的碱性。

②柠檬酸：无色半透明结晶或白色颗粒，起调节酸味和稳定蛋液泡沫的作用。

③醋酸：无色液体，有强烈的酸味，在白帽蛋糕中可使白帽糖浆泛白，容易凝固。

④山梨酸钾：酸性防腐剂，具有杀死细菌、霉菌和微生物的作用。溶解山梨酸钾时忌用铜、铁容器。

[课后思考题]

1. 西点的基本原料有哪些？（至少列举3种）

2. 西点的辅助原料有哪些？（至少列举6种）

3. 西点中的食品添加剂有哪些？（至少列举5种）

4. 西点中面粉如何分类？作用是什么？

5. 西点中油脂如何分类？作用是什么？

6. 乳制品原料有哪些？作用是什么？

7. 西点中添加糖及糖制品的作用是什么？

8. 水在西点中如何分类？其作用是什么？

9. 常用的凝胶剂有哪些？作用是什么？

10. 果品原料有哪些？

11. 西点中常用的赋香剂是什么？作用是什么？

12. 西点中食用色素有哪些？特点是什么？

任务3　西式面点制作中常用的设备和工具

西点制作的设备和工具非常多，由于科学技术的进步和现代消费者对西点制品需求量的上升，西点制作的设备和工具以多样化的方式展现在我们面前。即便是同一厂家生产的机器，在外观、构造和工艺性能上也是不一样的。"工欲善其事，必先利其器"，优质高效的设备和工具才是制作现代西点的前提要素。接下来，我们将介绍在西点制作中常用的设备和工具。

3.1　西式面点制作中常用的设备

西点制作中常用的西点设备有搅拌设备、恒温设备、成型设备、烘烤设备、电热设备、工作台等。

1）搅拌设备

西点制作中常用的搅拌设备为多功能搅拌机和和面机。

（1）多功能搅拌机

多功能搅拌机又称打蛋机，是一种转速很高的搅拌机。多功能搅拌机工作时，通过搅拌桨的高速旋转，强制搅打，使被调合物料间充分接触摩擦，从而实现对物料的混合、乳化、充气等作用。因搅拌机有不同形状的搅拌桨，故有不同的功能：

①球形或网状搅拌桨，主要用于搅拌蛋液、蛋糕糊等黏度低的物料，适合搅打蛋糕、蛋白膏。

②扇形搅拌桨，适合搅拌膏状物料和馅料，如果酱、白砂糖、甜馅。

③钩状搅拌桨，适合搅拌高黏度的物料，如面包面团等筋形面团。

多功能搅拌机大多可变速，操作时根据工艺需要可以随时更换转速，但是更换速度时必须先停机再换速。

（2）和面机

和面机又称调粉机，有卧式和立式两类。和面机搅拌旋转后，将面粉、水、油脂、糖等原料经过搅拌混合形成团粒再经过多次搅拌桨的挤压、揉捏作用，形成庞大的面筋网络，最终形成光滑的、面筋扩展的面团。

2）恒温设备

恒温设备是西点制作中不可缺少的设备，主要用于原料的冷藏、冷冻、面团的发酵、醒发等。常用的恒温设备有冰箱、发酵箱、巧克力融化机等。

多功能搅拌机

不同形状的搅拌桨

和面机

冷藏箱和冷冻柜　　　　发酵箱　　　　　　　烤箱　　　　　　　电磁炉

（1）冰箱

冰箱包括冷藏箱和冷冻柜，主要用于保管原料和半成品，冷藏箱温度一般在2～10 ℃，冷冻柜温度一般在－18 ℃。

（2）发酵箱

发酵箱又称醒发箱，是面团基本发酵和最后醒发使用的设备，能调节和控制温度与湿度，它一般采用电热管加热产生蒸汽和升温，强制循环对流，温度宜控制在27 ℃，湿度宜控制在75%，使用时要检查水槽的水量，以免烧坏发热管。

（3）巧克力融化机

巧克力融化机也叫朱古力融化机，有三层、四层、五层等类型。

3）成型设备

面点分割成型设备的出现取代了手工分割操作，使生产效率大大提高，实现了标准化生产。成型设备包括面团分割机和搓圆机、辊压机等。

（1）面团分割机和搓圆机

面团分割机和搓圆机可完成等量分割面团的操作，一次分割数量为34个左右，重量为50克左右。在大型的面包生产企业中，面团分割机往往与搓圆机连接在一起使用，我国常用的搓圆机是伞形搓圆机。

（2）辊压机

辊压机也叫起酥机，主要用于压片和成型上的操作。面团调制好之后，为了使不规则的面团变为组织结构和质地一致的成型面片，需要辊压。辊压机常常用于制作起酥面包、清酥类产品的面皮等。

4）烘烤设备

烘烤设备包括烤箱、烤炉。按使用热源分为电烤炉、煤气烤炉和煤炉等；按食品在炉内的运动形式分为烤盘固定式箱式炉、风车炉、旋转炉等。箱式电烤箱又叫远红外电烤箱，上下各层有电热管加热装置，使箱内各处温度均匀一致，控制部分有手控或自动控温、超温报警、定时报时，电热管短路的显示装置，耐热玻璃观察窗。

5）电热设备

电热设备种类很多，常用的有电烤箱、电饭锅、电灶、微波炉等。电烤箱上面已经介绍，电饭锅在西点制作中使用较少，下面介绍一下电灶和微波炉。厨房用的大型电灶，基本上是封闭式电路板和大型电烤炉相结合的。微波炉常用来加热和解冻馅料、原料等。

| 木质工作台 | 大理石工作台 | 不锈钢工作台 |

6）工作台

工作台又称案台。常见的工作台有木质工作台、大理石工作台、不锈钢工作台、塑料工作台、冷冻工作台等。

（1）木质工作台

木质工作台又称面案、案板，由枣木、枫木、松木和柏木等硬质木料制成，厚度3～6 cm。要求：光洁、平整、无缝、便于操作和清洁最好。

（2）大理石工作台

大理石工作台具有表面光滑、平整、易于滑动、消毒的特点，是粘糖工艺的必备设备。

（3）不锈钢工作台

不锈钢工作台具有表面光滑、平整、易于清洗的特点。

（4）塑料工作台

塑料工作台质地柔软、抗腐蚀性强、不易损坏，较适宜加工制作各种制品，其质量优于木质工作台。

（5）冷冻工作台

冷冻工作台的台面为不锈钢面板，台面下为冷冻柜。

除上述设备外，还有烤盘架、炉灶设备以及储物和清洗设备也是西点制作中常用的设备。

冷冻工作台

3.2 西式面点制作中常用的工具

西式面点制作中的常用工具品种非常多，大小各异、琳琅满目。每种工具有其特殊的功能。

1）生产工具

（1）打蛋器

打蛋器又称打蛋帚、打蛋甩、打蛋刷。其主要用于搅拌物料使物料混合均匀，通常西点中要搅拌蛋液、奶油、马乃司、黏稠物体等。

（2）擀面杖

擀面杖以檀木和枣木等细质木料为好。擀面杖按尺寸分为：大，长80～100 cm、粗5 cm；中，长40～60 cm、粗3 cm；小，长33 cm。

打蛋器　　　　　　　　擀面杖　　　　　　　　搅拌盆

滚筒　　　　　　　　　面筛　　　　　　　　　刷子

（3）搅拌盆

搅拌盆一般是用来混合物料的盛器，通常用不锈钢的搅拌盆，方便耐用。

（4）滚筒

滚筒又称通心锤、走槌，由中心通孔的圆柱形滚筒和轴组成，使用时将轴插入通孔内，两手握住轴的两端，根据工艺需要向前、后、左、右方向推压，主要用于擀制大量、大形的皮。

（5）面筛

面筛又称面粉筛、筛网（有尼龙、不锈钢和铜筛几种）。作用：可以去除粉料中的杂质，使原料粗细均匀、蓬松，可以用来擦制泥蓉，去除筋皮、豆皮等。

（6）刷子

刷子有羊毛刷、棕刷、尼龙刷、硅胶刷等，主要是用于刷制品的蛋液和油，或者刷烤盘和模具的表面，以防粘连。

2）衡量工具

衡量工具主要用于西点固体、液体原辅料及产品重量的量取，以及原料、面团温度，糖度的测量，整形产品大小的衡量等。西点中常用的衡量工具有台秤、磅秤、电子秤、量杯、量匙、温度计、糖度计和量尺等。

①台秤：最小刻度为1 g，最大为8 kg，主要用于西点配料中的一些微量添加剂的称量。

②磅秤：又称盘秤、台秤，属弹簧秤，使用前先归零，可称几十公斤，多用于西点原辅料和西点成品分量的称量。

③电子称：操作方便，称量精确度高，常用于称量一些泡打粉、小苏打

台秤　　　　　　　电子秤

等，最小刻度为1 g。

④量杯：取用液体较为方便，如水、油。量杯有玻璃制、铝制、塑料制等。

⑤量匙：专用于干性原料的少量称取。单位：盎司、茶匙。

⑥温度计：有水银温度计、酒精温度计和电子温度计，通常用于测量液体的温度；电子温度计可以测量液体、室温以及面团、面糊等的温度。

⑦糖度计：专门用于测量糖溶液浓度和含糖溶液的含糖量。

⑧量尺：通常用来衡量产品整形的大小，并可用于产品制作的直线切割。

量杯

温度计

3）刀具

刀具是西点中不可缺少的工具，在不同程序和不同品种要用到不同的刀具。常用刀具有西点刀、抹刀、锯齿刀、刮板、轮刀、铲片、塑胶刮刀、面团分割刀、巧克力刮刀等。

①西点刀：主要用于蛋糕切割以及西点夹馅或表面装饰抹制膏料或酱料。

②抹刀：主要用于蛋糕表面装饰抹制膏料或酱料。

③锯齿刀：一面带锯齿的长条形刀，又称面包刀，用于面包、蛋糕等大块西点的切块。

④刮刀、刮板：多用于面坯、装饰蛋糕等表面划纹，面团分割，面团辅助调制，膏料表面抹平，面团划齿纹，清理台面。

⑤轮刀：用于起酥类、混酥类、发酵类面团的切割，其刀口有平口、花纹齿口、针状等。

⑥铲片：分为清洁铲和成品铲两类。清洁铲用于清洁烤盘，去除烤盘中残渣；成品铲用于蛋糕、馅饼切割后的取拿。

⑦塑胶刮刀：用于刮净附在搅拌缸或打蛋盘中的材料，有大小、平口、长柄、短柄之分。

⑧面团分割刀：主要用于在欧式面包表面划刀口。

⑨巧克力刮刀：主要用于巧克力屑的刮制。

糖度计

抹刀

锯齿刀

刮刀、刮板

4）模具

模具主要用于西点的成型、成熟，常用的模具有切模，慕斯圈，面包模具，蛋糕模具，挞模、派模、比萨盘，多连模具，巧克力模具，烤盘等。

①切模：又称卡模、刻模、套模、花戳、花极、面团切割器等。切模的规格大小、形状图案繁多。

②慕斯圈：主要用于慕斯蛋糕的制作，形状和大小多样，常见的有圆形、椭圆形、心形、方形、六角形、水滴形等。

③面包模具：专供吐司面包烘焙用，一般为长方体，有带盖和不带盖两种，最好使用不粘吐司模，针对面团重量不一，有不同规格的吐司模。

④蛋糕模具：依材质可分为不锈钢模、铝合金模、铁氟龙不粘模、铝箔模和纸模。外观有各种各样的，如圆形、心形、椭圆形、长方形、中央空心形等。

⑤挞模、派模、比萨盘：依材质可分为不锈钢模、铝合金模、铁氟龙不粘模、铝箔模。挞模形状较多，有圆形、花形、异形等。派模、比萨盘以圆形为主，分实心模和活动底模。

⑥多连模具：可以分为多连蛋糕模、多连面包模和多连布丁模等。

⑦巧克力模具：用于巧克力造型，有金属模、硅胶模及塑料模等；巧克力转印纸主要用于巧克力表面纹装饰。

⑧烤盘：烘烤制品的重要工具，通常作为载体盛装制品生坯入炉，大多数为长方形，用导热良好的黑色低碳软铁板、白铁皮、铝合金等材料制成，厚度为0.75～0.8 mm，新烤盘使用前需经过反复涂油、烧结，使表面形成坚硬而光亮的炭黑层，否则烘烤时对热量吸收和脱模有影响。

新烤盘处理步骤如下：

a. 清理表面，用温热的碱水擦洗干净。

b. 加热处理，在250～300 ℃炉温下烤40～60分钟使表面形成微量氧化铁层。

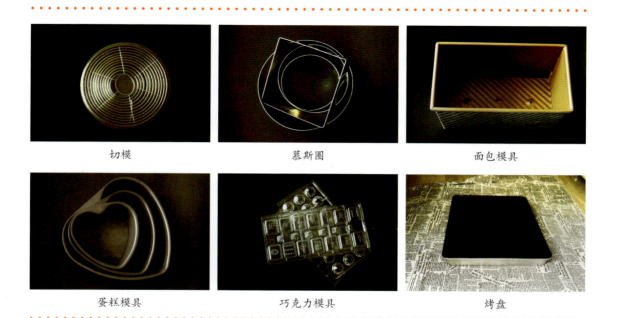

切模　　　　　　慕斯圈　　　　　　面包模具

蛋糕模具　　　　巧克力模具　　　　烤盘

c. 涂油加热处理，烘烤好的烤盘，冷却到55～60 ℃时，在表面涂一层油，再次加热，油渗入氧化层中，出现碳化发黑现象，冷却后，反复擦油、加热、烘烤，待表面产生碳黑膜后即可。

烤盘在使用过程中应注意以下问题：

a. 每一次烘烤完成后，用软抹布或塑料刮板，清除残留在烤盘中的残留物。

b. 器具使用一段时间后，最好用温水加入少量清洁剂用软抹布擦洗干净。

c. 勿用尖锐金属品擦洗。

d. 尽量避免因操作不当而引起碰撞、摩擦，造成不粘涂层磨损或刮伤。

e. 贮存堆放时要小心轻放，使器具保持干燥，不可以放在潮湿的地方。

f. 不粘器具的烘烤温度低于260 ℃，更能延长使用寿命，应避免不均匀受热和空烤。

5）裱花工具

裱花工具主要有裱花转台、裱花袋、裱花嘴、裱花棒、裱花托等。裱花嘴用于面糊、霜式材料的挤注成型，通过裱花嘴的不同形状挤出各种形状。裱花袋用于盛装各种霜式材料，通常呈三角形，由塑料、尼龙和帆布材料制成。

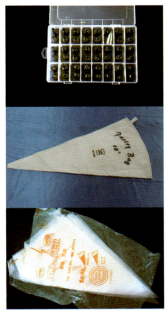

裱花工具

6）其他工具

①烤盘纸和不粘布：烤盘纸主要用于防止蛋糕、饼干类制品烘焙时产品粘连在烤盘或烤模上取不下来。常常使用硅油纸来垫烤盘，硅油纸具有防水、防粘和防油、耐高温等性能。

不粘布是以硅胶或经过铁氟龙处理过的玻璃纤维制成的，具有耐高温、防粘连、可重复使用的优点，但是切忌用尖锐的东西划到表面。

烤盘纸和不粘布

②散热网：用于烘烤后的蛋糕、面包等产品的冷却。

③蛋糕晾网架：用于圆形蛋糕冷却，防止蛋糕收缩。

④耐热手套：又称耐高温手套，主要用于烘烤过程中或结束时取出烤炉中的烤盘、模具等高温物品。

⑤多层蛋糕架：用于多层装饰蛋糕的制作。

⑥烤盘车：又称烤盘架子车，用于放置烤盘和烘烤完成后产品的冷却。

蛋糕晾网架

3.3 西式面点制作中常用设备和工具的安全使用与养护

西点制作中常用设备和工具的种类繁多，且各种产品

耐热手套

在使用上有很大区别，为了充分发挥其作用和提高工作效率、节省成本等，必须掌握基本的安全使用和养护知识。

（1）熟悉性能，合理使用

一个不懂得工具操作的人，是最容易损坏工具的人，因此要及时请教懂的人或自己上网查询说明书。

（2）编号登记，定点存放

在使用设备和工具的时候，要分门别类地成套摆放，并且用标签纸贴上记号，根据制作要求合理使用和摆放。

（3）清洁卫生，定时保养

在西点厨房里，卫生尤为重要，以免造成交叉感染和食品污染情况，应注意以下几点：

①西点设备和工具要定时打理和消毒。

②建立严格的设备、工具专用制度，定时对设备和工具检修。

③有条件的情况下，设专人保管和保护。

（4）制度完善、安全操作

①规范制度安全责任，加强安全教育。

②严格掌握安全操作的流程，注意力集中，避免失误。

③重视设备安全和使用防护装置。

④对于不常使用的设备要及时检查、维护并及时断电。

⑤禁止使用带"病"设备和工具。

[课后思考题]

1. 西点的生产设备主要有哪些？（至少列举5种）
2. 西点的生产工具有哪些？（至少列举10种）
3. 西点的测量工具有哪些？
4. 西点的恒温设备有哪些？
5. 西点的加工设备有哪些？
6. 西点制作中常用设备和工具的安全使用与养护知识是什么？
7. 西点工具中新烤盘使用注意事项是什么？

 任务4 **西式面点制作基础**

4.1 西式面点制作烘焙计算

1）配方平衡原则

西点品种繁多，每一种西点都有相对固定的数量比，这就要求我们掌握一定的烘焙计算方法。但在实际制作过程中，各类西点的配方是根据条件和需要在一定范围内进行变动的。这种变动并非随意的，须遵循一定的原则即配方平衡原则。

配方平衡原则建立在原料功能的基础上，而原料按其功能不同可分为以下几组。

第一组：干性原料，主要指面粉、糖粉、玉米淀粉、可可粉、抹茶粉、红曲米粉等。

第二组：湿性原料，主要包括鸡蛋、牛奶、水、果汁等。

第三组：强性原料，主要包括面粉、鸡蛋、牛奶等。

第四组：弱性原料，主要包括糖、油、泡打粉等。

干性原料需要一定量湿性原料混合，才能调制成面团和浆料。强性原料含有高分子的蛋白质。特别是面粉中的蛋白质，具有形成及强化制品结构的作用。弱性材料是低分子材料，不能成为制品的骨架，相反，具有减弱或分散制品结构的作用，也需要强性原料的配合。

配方平衡是指在一个合理的配方中应该满足干性原料和湿性原料之间的平衡、强性原料和弱性原料之间的平衡。

2）烘焙百分比

（1）烘焙百分比概念

烘焙百分比是烘焙专用的百分比，它与一般的百分比不同。在实际百分比中，配方总百分比常为100%，而在烘焙百分比中，是以配方中面粉的重量为100%，配方中其他各种原料的百分比是相对面粉的多少而定的，且总百分比超过100%。

计算烘焙百分比有以下好处：

①配方中各原料的相对比例一目了然，容易记忆。

②可以快速算出配方中各种原料的实际用量，计算快捷、精确。

③方便调整、修改配方，以适应生产。

④可以预测产品的性质和品质。

（2）烘焙百分比的用量计算

①烘焙百分比=（材料质量÷面粉质量）×100%。

②原料质量=面粉质量×原料的百分比。

③面粉质量=（某种原料质量÷某种原料的烘焙百分比）×100%。

④实际百分比=（烘焙百分比÷配方百分比）×100%。

⑤烘焙百分比=（实际百分比÷面粉实际百分比）×100%。

⑥产品总量=成品面包质量×数量。

4.2　西式面点制作成型的基本技法

西点制作成型手法分为手工成型、模具成型和机械成型。掌握正确的手法需要刻苦的钻研、勤奋的练习以及反复的实践，任何技术性的要求必须通过练习才能达到熟练。

（1）和

和是将粉料与水或其他辅料掺和在一起搅拌成团的过程，一种是手和，另一种是机器和。西点中常和的面团有酵母面团、酥点面团、甜面团、咸面团等。

和面技法注意事项：

①掌握液体用量和粉料的比例。

②动作要干净利落，粉料和液体要和均匀。

③根据面团的需要，选择不同的和面方式。

④做到"三光"，即面光、手光和案板光。

（2）揉

揉主要针对面包制品，目的是使面团中的淀粉膨润黏结，气泡消失，面筋质均匀分布，从而产生有弹性的面筋网络，增强面筋的弹力和韧性。

揉面技法注意事项

①揉力要用巧力，用力要轻重适当，否则会影响面团的膨松度和成品的内部结构。

②揉面要始终保持一个光洁面，不可无规则地乱揉。

③揉面的姿势要轻松自在，揉匀、揉透、揉出光泽。

④手的温度也会影响面团的发酵，所以要控制好揉面时间。

（3）搓

搓是手掌向下，俯身向外推压，连续作用于食品原料的动作，可以双手，也可以单手。搓是将揉好的面团运用手掌的压力变成长条状，或将面粉与油脂融合一起的操作手法。

搓的技法注意事项：

①双手动作要协调，用力均匀。

②要用手掌的根部，按实推揉，双手同时施力，前后搓动、边搓边推。

③搓的时间要控制好，不然物料会发黏、断筋。

④搓条要紧，粗细均匀，条面圆滑是品质的基本要求。

⑤保持一只手干燥，配合另一只搓推。

（4）捏

捏是指尖抓住面团的动作，将制品原料黏结或挤压在一起，完成所需要的形状。包馅收口一定要用到这个动作，是为了防止馅料溢出来或面团的膨胀溢口或松口，捏和包的动作是连贯统一的。捏是一种较高艺术性的手法，西点中糖艺常用到这一手法，如虫鸟鱼兽和各种植物的造型，都是靠这一手法完成的。

捏的技法注意事项：

①捏制时，用力要均匀，面皮要保存完好。

②制品封口时，要把口收紧，不留痕迹。

③制品要美观、栩栩如生，要多练习。

（5）擀

擀是西点制作过程中常用的手法，通常以面杖或走锤，将坯料压住，配合双手握住工具的两端，反复来回滚动，碾压成片状。这种方法主要用于清酥、混酥、面包、饼干坯料等的制作。有造型的则在包制（一次成型）完成后再擀制成型，擀好的面团可利用折叠、卷等方法做出形态各异的造型。

擀的技法注意事项：

①用力均匀，坯料软硬合适。

②制品在擀制过程中要平、无裂痕。

③擀制品要厚薄均匀，表面光滑。

（6）包

包也称"上馅"，是很重要的手法，是馅心、点心加工制作过程中必不可少的工序。包制时将分割、滚圆的面团放在平面上压扁，然后将馅心置于面饼中心包入。运用拇指和食指拉取周围的面团包裹馅料，再运用捏的手法将口子封牢。

（7）挤

挤又称"裱"，是对西点制品进行美化、再加工的过程。一般先将裱花嘴装入裱花袋，用左手的虎口握住裱花袋中下端，翻开内侧，用右手将所需要的材料装入，装五分满为宜。材料装好后，将口袋翻回原状，同时用右手虎口将口袋扎紧，内部空气自然排出。

挤的技法注意事项：

①双手配合默契，动作要灵活。

②用力均匀，右手虎口扎紧口袋，左手配合推进。

③图案纹路清晰，线条流畅，大小均匀一致，薄厚一致。

（8）搅拌

搅拌是指用勺子、叉子或抽子快速连续搅拌原料，使其充气、体积增大。

搅拌的注意事项：

①搅拌前，缸或盆等容器中不要有油脂或杂质。

②搅拌时要用力均匀。

③搅拌时伴有翻和挑的动作，以拌入更多空气。

（9）抹

抹是用工具将调好的浆料平铺均匀，使制品平整光滑。抹是在装饰蛋糕中常常用到的基础手法，为成品的美化打基础。

抹的技法注意事项：

①刀具掌握要平稳，用力要均匀。

②正确握工具，保证工具表面光滑干净才能保证抹面光洁。

（10）卷

卷是西点中常用的手法，也是擀制的下一步，在蛋糕、面包和一些甜品中常用到，如戚风蛋糕、斑马卷、牛角酥等。按手法上分，可分为单手卷和双手卷。

①单手卷：用一只手拿着工具，另一只手拿着面坯，在模具上由小头到大头轻轻卷起，双手配合一致，成品美观均匀。

②双手卷：将坯料置于案台上，涂上馅料，垫上类似圆形长棍或空心的桶状物，双手向前推进卷起成型。卷制的成品不能有空心，粗细要均匀一致。

4.3　西式面点制作中常用馅料

1）奶油馅

奶油馅是西点制作中常用的馅料，可通过添加辅料使其变化多样，是提高产品质量和美观度的重要装饰料。奶油馅是将甜奶油、淡奶油打发至呈固体状态的产品，操作简单，口感丝滑，但不同的奶油打发的温度要求和打发程度不一样。常见的奶油馅有以下几种：甜奶油馅、淡奶油馅和半甜奶油馅。现在为了调整口感，有时还会加入酸奶。

甜奶油馅常用于制作面包夹馅、蛋糕夹层和裱花等，淡奶油馅常用于制作慕斯类蛋糕等。

2）黄油酱

黄油酱是软黄油经抽打充气后，与糖水或其他原料混合后的膏状产品，呈乳黄色，主要用于制作食品夹馅、装饰表面等。黄油酱的特点是奶香味浓厚，入口滑爽，回味悠长，至今仍然是西点制作中的主要馅料。黄油酱使用广泛，制作方法也多种多样，常用的黄油酱有糖水黄油酱、蛋清黄油酱、咖啡黄油酱以及其他口味黄油酱。

3）吉士馅

吉士馅是含有牛奶、鸡蛋、砂糖和淀粉的馅料，是西点中最基础的馅料，呈黄色，多用于制作面包夹层、点心馅心，有时也用于涂抹食品表面。目前，常用的吉士馅主要有速溶吉士酱和手调吉士酱两种。

（1）速溶吉士酱

速溶吉士酱是以速溶吉士粉为主要原料，直接加入定量的温水或牛奶，经过搅拌而成的馅料。速溶吉士酱呈橙黄色，质量稳定可靠，调制方便快捷，此料可以通过添加不同原料演变出多个品种的馅料，例如，椰蓉馅和玉桂馅等。

（2）手调吉士酱

手调吉士酱是用煮沸的牛奶，冲入鸡蛋和淀粉煮制而成的馅料，颜色金黄。其制法为比较传统的手工制作方法，一些酒店或家庭仍然沿用至今。

4.4　西式面点制作中常用术语

西点是外来文化，是西方民族饮食文化的重要组成部分，西点制作工艺复杂，技术性强，一些工艺术语的词汇属于英语直译和音译，现将行业中常用术语解释如下。

①派——英文"pie"的音译，一般是以混酥或清酥面坯为坯料制成的面饼，内含水果或馅料，常用圆形模具作坯模。其口味有甜、咸两种，其外形有单皮派和双层派之分。

②挞——英文"tart"的音译，是以混酥面团为坯料，借助模具，通过制坯、烘烤、装饰等工艺制成的内盛水果或馅料的一类较小型的点心，其形状因模具不同而异。

③舒芙蕾——法文"soufflé"的音译，又称梳乎厘、沙勿来，有冷食、热食两种。热食以蛋白为主要原料，冷食以蛋黄和奶油为主要原料，是一种充气量大、口感松软的点心。

④芭菲——英文"parfait"的音译，是一种以鸡蛋和奶油为主要原料的冷冻甜食。

⑤慕斯——英文"mousse"的音译，是将鸡蛋、奶油分别打发充气后，与其他调味品调和，经冷冻而成的甜食。

⑥泡芙——英文"puff"的音译，又称气鼓，是水或牛奶加黄油煮沸后烫制面粉，搅入鸡蛋，通过挤糊、烘烤、填馅料等工艺制成的一类点心。

⑦布丁——英文"pudding"的音译，是以黄油、鸡蛋、白糖、牛奶等为主要原料，配以各种辅料，通过蒸、烤或蒸烤结合而制成的一类柔软的甜点心。

⑧结力——英文"jelly"的音译，又称明胶、鱼胶，是由动物皮骨熬制成的有机化合物，呈无色或淡黄色的半透明颗粒、薄片或粉末状。多用于鲜果点心的保鲜、装饰及胶冻类的甜食制品。

⑨黄酱子——英文"custard cream"的音译，又称蛋黄少司、克司得酱、牛奶黄酱子等。它是用牛奶、蛋黄、淀粉、糖及少量黄油制成的糊状物。它是西点用途广泛的一种半成品，多用于制作馅料，如气鼓馅、排馅、清酥馅等。

⑩糖粉膏——英文"icing sugar paste"的音译，又称搅拌糖，是以糖粉和鸡蛋清搅拌制成的质地洁白、细腻的制品。它是制作糖粉点心、立体大蛋糕和点心展台的主要原料，有形象逼真、坚硬结实、摆放时间长的特点。

⑪蓬松体奶油——英文"whip cream"的音译，又称鲜奶油或鲜奶加鲜果碎搅打制成的半成品，多为奶油蛋糕等的配料。

⑫黄油酱——英文"butter cream"的音译，又称糖水黄油酱等。它是黄油经搅打加入糖水后制成的半成品，多为奶油蛋糕等制品的配料。

⑬糖水——英文"sugar syrup"的音译，是用白砂糖和水熬制成的混合液体。其中糖和水的

比例一般为1∶2，它是一种制作简单、用途广泛的半成品。

⑭果冻——用糖、水和鱼胶粉或琼脂，按一定比例调制而成的冷冻甜食。

⑮马司板——英文"marzipan"的音译，又称杏仁膏、杏仁面、杏仁泥，是用杏仁、砂糖加适量的罗木酒或白兰地酒制成的。马司板柔软细腻、气味香醇，是制作西点的高级材料，它可制馅、制皮，捏制花鸟鱼虫及植物、动物等装饰品，目前饭店多使用加工好的制品。

⑯封登糖——英文"fondant"的音译，又称翻糖，是以糖为主料，在糖中加入适量水、葡萄糖和醋精熬制，经反复搓叠而成的。它是挂糖皮点心的基础配料。

⑰化学起泡——以化学膨松剂为原料，使制品体积膨大的一种方法。

⑱生物机械起泡——利用机械的快速搅拌，使制品体积膨大。

⑲起泡——利用酵母等微生物的作用，使面包体积增大的主要手法。

⑳清打法——蛋清和蛋黄分别抽打，待打发后合为一体的方法。

㉑混打法——蛋清、蛋黄与糖一起抽打的方法。

㉒打发——蛋液、奶油或黄油等经搅拌，使制品体积增大的方法。

㉓面肥——"old-dough"，将发酵成熟的面坯，用于要发酵的面坯中，做新面坯的发酵引子，以促进新面坯的发酵，改善制品风味。

㉔面粉的熟化——面粉在贮存期间，空气中的氧气自动氧化面粉中的色素，并使面粉中的还原性氢键（硫氢键）转化为双硫键，从而使面粉的色泽变白，物理性能得到改善。

㉕调和——"blend"，是用木勺、叉子或抽子混合、调拌原料，比抽打的力量稍小。

㉖添加——"add"，将一种原料放入另一种原料中的工艺手法。

㉗封住——"coat"，指将原料或制品全部包住。

㉘搅入——"stir in"，一边加入原料一边搅拌。

㉙醒发、松弛——"ferment"，发酵面坯成型后，在适宜的温度、湿度条件下，面坯中的微生物酵母经发酵，产生气体，使制品体积增大的过程。

㉚薄面——为防止面坯粘连，在面坯表面撒一层面。

㉛搅打——"whip"，用勺子、叉子或抽子快速连续搅拌原料，使其充气、体积增大。

㉜筛——"sift"，将颗粒状或粉状原料放在筛上，通过筛除去不同大小的杂质。

㉝刷油——"grease"，将油脂刷在盘里或模具中防止制品粘连。

㉞标记——"seal"，指密封食物。

㉟合并——"combine""mix"，指两种以上原料的混合。

项目 2

面包制作工艺

> > >

[项目介绍]

面包制作工艺又称烘焙工艺，它是由面粉、酵母、盐、水等基础原料，通过和面、整形、发酵、烘烤等一系列手段制得的食品。

该项目由甜面团、起酥面团、欧式面团、土司面团四大任务组成。本部分采用理论与实践相结合的方式进行教学，约需72个课时（40分钟/课时）。

任务1 面包制作工艺

1）面包的概述

面包是以小麦、黑麦、荞麦等粮食作物，通过碾磨成粉状，加入一定比例的酵母、水、盐等基础原料，经过烘焙制成的食物。我们常见的面包有小麦面包、黑麦面包、杂粮面包、全麦面包等，具有口感松软、香味突出、品种繁多等特点，故面包又被誉为"人造果实"。

2）面包制作的工艺流程

现代面包制作工艺区别于传统手工制作工艺，更多的是利用设施设备，标准化、成体系化地生产面包。现代面包制作更注重卫生、生产质量达标、口味口感表达更为明确。

面包制作是一整套系统性的工艺。其工艺流程为组建配方→材料称重→搅拌→基本发酵→分割→面团称重→滚圆→中间发酵→整形→装模→成型后发酵→入炉烘烤→出炉→冷却→装饰、包装→成品。原料的选择、制作的方法、酵母的发酵、烘烤时间以及温度、成品装饰等步骤，均会影响最终成品质量，其中以酵母发酵尤为重要，故称面包制作工艺为"酵母发酵的艺术"。

3）面包的品质分析

面包工艺是一门比较复杂且操作性很强的技术，对生产设备、原材料质量、配料配比、工艺要求都很高。我们在学习过程中，不仅要掌握技能技术，更要了解、鉴定、分析产品的质量和设备、原材料对产品质量的影响。

下面从设备、原料、工艺三方面分析影响面包品质的因素。

（1）设备

①和面机：和面机功率是影响面包品质的重要因素，低速搅拌使面粉成团，高速搅拌使面团快速起筋。搅拌机的转速直接影响面粉的吸水能力。

②醒发箱：醒发箱能让面团短时间内达到烤制的要求。醒发箱的温度和湿度是关键，它会直接影响面团中酵母的活跃程度。不同面包对醒发温度、湿度都是不一样的，大致温度为25～35 ℃，湿度为65%～85%。

③烤箱：烤箱对面包品质的影响是很大的。烤箱温度均匀、控度精准是基本要求。低温使面包快速受热发生膨胀，高温使面包外结壳锁住面包内部水分，在高温的作用下，面包中的糖粉发生美拉德反应，产生诱人的色泽与香气。

（2）原料

①面粉：面粉即小麦粉，不同的产地、日照时间、湿度、温度、水土成分都是影响小麦品质的因素。我们选择面粉时应当遵循不同的产品使用不同的面粉。选择面粉时，面粉中筋力强度、蛋白质含量、水分含量等是我们考虑的主要因素。

②酵母：酵母是一种碱性厌氧型真菌，在满足必要的温度、水分、能量时能够提供大量的二氧化碳，所以它也是一种天然的发酵剂。不同温度下，酵母的活跃程度是不同的。0 ℃以下，酵母处于休眠状态；0~5 ℃酵母的活跃度较低；5 ℃以上酵母的活跃度增加；28 ℃酵母的活跃度最佳；28~54 ℃酵母的活跃度逐渐降低；55 ℃酵母死亡。

③盐：具有增加面包风味、增强面团的筋力、控制酵母发酵速度的作用。

④糖：具有增加面包滋味、使面包更柔软、给面包上色、防止老化等作用。

⑤鸡蛋：提高面包营养价值，给面包增色，减少烘烤时水分的流失。

⑥黄油：增强面团筋度的延展性，防止面包老化，增加营养和香味，使面包口感更好。

⑦水：使面粉成团，水解面粉中的蛋白质，使它们生成面筋。水也能控制面团的稀稠程度，便于操作。水还能与面粉中的淀粉成分形成糊化作用，经过高温烘烤，使面包表面结成硬壳，防止水分流失。

⑧奶粉：能让面包的奶香味更突出。

⑨奶油：能软化面筋，取代一部分水分，防止面包老化，增加奶香味。

（3）工艺

在制作面包时，要掌握其中几个重要步骤。

①要充分了解烘焙比例中每一种原材料的作用与性质。

②注意原材料、环境与天气的变化。在操作过程中，原料、环境与天气的变化会对面团制作产生很大的影响。例如，不同品牌的面粉，其含水量也是不同的。环境空气中湿度的变化会影响水分的含量，温度的变化也会影响面团中酵母的活跃度和水分的含量。因此，配方配比也应该随之而变化。

③面团由面粉加入一定量的液体混合成型，先要慢速使面粉和液体充分混合，使面粉在水分的作用下水解，再快速搅拌使面团起筋。

④制作好的面团，应充分醒发。充分的醒发能帮助我们更好地整形及出品。

⑤醒发箱的温度一定要控制合理，太低的温度容易使面团中酵母的活跃度偏低影响发酵速度。太高的温度容易使酵母失去活性甚至死亡。

⑥烤箱温度调整，上下温度要合理。根据不同种类、不同质量、不同要求的烘焙制品，使用合理的温度，必要时在烘烤中可以变温烘烤，以及借助其他辅助工具帮助我们使烘焙产品达到要求。

任务2 小餐包

[前置任务]

（1）了解小餐包的工艺流程
（2）了解一次发酵法

[任务介绍]

小餐包作为一款甜面包面团的重要代表，许多产品都是由其衍生出来的。小餐包因其个头小、口感松软，多用作早餐出品或餐前面包，其独特性在西点中有不可替代的作用。

（1）初步了解面包的制作过程
（2）学会基本搓圆的手法

[任务实施]

（1）任务实施地点：教室、西点实训室
（2）理论及实训一体化任务实施时间分配
①理论讲解（40分钟）。
②原料准备（5分钟）。
③教师示范（35分钟）。
④学生按小组实训（60分钟）。
⑤评价（10分钟）。
⑥卫生（10分钟）。

[任务资料单]

小餐包制作标准

[设备用具]

和面机1台、醒发箱1台、烤箱1台、工作台1张、电子秤1台、切面刀1把、羊毛刷1把。

[原料]

小餐包原料配方见表2-1。

表2-1　小餐包原料配方

原料	烘焙百分比/ %	原料	烘焙百分比/ %
高筋面粉	100	鸡蛋	10
即发性酵母	1.5	奶粉	6
面包改良剂	0.3	水	48
盐	1.5	黄油	10
白糖	20	色拉油	适量

[制作工艺流程]

①称料：按照比例准确称量。

②搅拌：将原料中高筋面粉、即发性酵母、面包改良剂、白糖、奶粉等粉状原料混合均匀后，加入鸡蛋液（鸡蛋打散）再分次加入水，慢速搅拌至无干粉状态，再快速搅拌至面筋扩展，加入黄油、盐，慢速搅拌均匀，最后快速搅拌至面筋完全扩展。手上抹少许色拉油，取出面团。

③松弛：将搅拌好的面团简单揉成球形，放置在工作台上松弛10分钟。

④分割：将松弛好的面团分割成大小均匀25～30 g/个的小剂子。

⑤搓圆：双手握住面团搓至表面光滑并继续松弛5分钟。

⑥整形：将面团用搓圆法搓成小圆球并摆放整齐。

⑦装盘：烤盘上抹少许色拉油，根据烤盘大小，按一定的间距摆放面团。

产/品/特/点

色泽金黄
松软香甜

⑧醒发：在温度为30 ℃、湿度为75%的醒发箱中，将面团醒发至体积是原来的2倍。

⑨刷面：鸡蛋打散、过滤，用羊毛刷蘸取鸡蛋液轻刷在醒发好的面团表面。

⑩烘烤：烤箱预热温度调至面火200～220 ℃、底火180 ℃，将面团放入烤箱中烘烤12～15分钟，表面色泽金黄即可。

任务3　菠萝包

[前置任务]

（1）了解甜面包面团的特点

（2）了解菠萝皮的做法

[任务介绍]

　　菠萝面包因外形酷似菠萝而得名，传统的菠萝包有着酥脆的外表，柔软的内在，奶香味浓郁，备受人们推崇，在我国香港、台湾地区以及沿海一带最为出名，是茶餐厅里必不可少的一种面包。

（1）初步了解菠萝包的制作过程

（2）学会基本的搓圆手法和包面手法

[任务实施]

（1）任务实施地点：教室、西点实训室

（2）理论实训一体化任务实施时间分配

①理论讲解（40分钟）。

②原料准备（5分钟）。

③教师示范（35分钟）。

④学生按小组实训（60分钟）。

⑤评价（10分钟）。

⑥卫生（10分钟）。

[任务资料单]

菠萝包制作标准

[设备用具]

　　和面机1台、醒发箱1台、烤箱1台、工作台1张、电子秤1台、切面刀1把、菠萝印模1个、羊毛刷1把。

[原料]

菠萝包和菠萝皮的原料配方见表2-2、表2-3。

表2-2　菠萝包原料配方

原料	烘焙百分比/ %	原料	烘焙百分比/ %
高筋面粉	100	鸡蛋	10
即发性酵母	1	奶粉	4
面包改良剂	0.6	水	48
盐	1	黄油	10
白糖	20	—	—

表2-3　菠萝皮原料配方

原料	烘焙百分比/ %	原料	烘焙百分比/ %
低筋面粉	100	鸡蛋	50
黄油	50	糖粉	50

[制作工艺流程]

①菠萝皮制作——黄油软化，加糖粉搓化，加入鸡蛋充分混合后筛入低筋面粉，拌均匀备用。

②菠萝包面团搅拌——将高筋面粉、即发性酵母、面包改良剂、白糖、奶粉、鸡蛋、水放入和面机中慢速混合成面团，再快速搅拌至面筋扩展，加入黄油和盐慢速混合至面团完全吸收黄油后，快速搅拌至面筋完全扩展。

③分割——将面团分割成约50 g/个的小剂子，松弛20分钟，将菠萝皮用切面刀分割成约20 g/个的小剂子，大小均匀。

产品/特点

表面金黄
口感酥脆
纹路清晰

④整形——将50 g面团用搓圆法搓成均匀的小圆球，用包面皮的手法将菠萝包主面团包入菠萝皮中。

⑤醒发——在温度为30 ℃、湿度为75%的醒发箱中，醒发至八成，用羊毛刷将打散的鸡蛋液刷在菠萝包表皮并在表皮压出菠萝印。

⑥烘烤——在面火200 ℃、底火180 ℃的烤箱中，烤制15分钟左右。

 墨西哥面包

[前置任务]

（1）了解甜面包面团的特点
（2）了解墨西哥皮的做法

[任务介绍]

墨西哥面包在西饼店中常见，它是甜面团的衍生品。外表酥脆，口感松软，奶香味浓郁。
（1）进一步了解搓圆的手法
（2）掌握面包中装饰酱料的制作
（3）熟悉甜面团的制作特点

[任务实施]

（1）任务实施地点：教室、西点实训室
（2）理论实训一体化任务实施时间分配
①理论讲解（40分钟）。
②原料准备（5分钟）。
③教师示范（35分钟）。
④学生按小组实训（60分钟）。
⑤评价（10分钟）。
⑥卫生（10分钟）。

[任务资料单]

墨西哥面包制作标准

[设备用具]

和面机1台、醒发箱1台、烤箱1台、蒸锅1口、工作台1张、电子秤1台、切面刀1把、不锈钢盆1个、手动打蛋器1个、裱花袋1只、塑胶刮刀1把。

[原料]

墨西哥面包和墨西哥油的原料配方见表2-4、表2-5，奶黄馅的制作原料见表2-6。

表2-4　墨西哥面包原料配方

原料	烘焙百分比/%	原料	烘焙百分比/%
高筋面粉	100	鸡蛋	10
即发性酵母	1	奶粉	4
面包改良剂	0.5	水	52
盐	1	黄油	10
白糖	16	—	—

表2-5　墨西哥油原料配方

原料	烘焙百分比/%	原料	烘焙百分比/%
低筋面粉	100	鸡蛋	100
黄油	100	糖粉	100

表2-6　奶黄馅原料配方

原料	用量	原料	用量
鸡蛋	15个	炼乳	1瓶
三花淡奶	1瓶	椰浆	1瓶
水	500 g	白糖	350 g
吉士粉	100 g	淀粉	175 g
黄油	200 g	—	—

[制作工艺流程]

①奶黄馅制作——将15个鸡蛋，1瓶炼乳，1瓶三花淡奶，1瓶椰浆，水500 g，白糖350 g，吉士粉100 g，淀粉175 g，和匀过滤后加入黄油，放入蒸锅蒸，每蒸5分钟搅一下以免淀粉沉淀，蒸至奶黄色并有一定稠度，晾冷待用。

②墨西哥油制作——将黄油软化，低筋面粉过筛。在黄油中加入糖粉，搅打至黄油发白，颜色变浅即可。分三次加入鸡蛋，每次加入需充分搅拌至黄油完全吸收鸡蛋，直至加

完全部鸡蛋。加入过筛好的低筋面粉，搅拌均匀，并装入裱花袋备用。

　　③和面——将高筋面粉、即发性酵母、面包改良剂、白糖、奶粉、鸡蛋、水放入和面机中，慢速搅拌至面粉成团，再快速搅拌至面筋扩展。最后加入黄油、盐，慢慢搅拌至面团完全吸收黄油后，快速搅拌至面筋完全扩展。

　　④分割——将面团分割成50 g/个，松弛20分钟。

　　⑤包馅——将50 g面团用搓圆法搓成均匀的小圆球，包入10 g奶黄馅，收口收好朝下，并放入刷油的烤盘中，四周间距应合适。

　　⑥醒发——在温度为30 ℃、湿度为75%的醒发箱中，将面团醒发至八成，将装在裱花袋中的墨西哥油用画圈的手法挤在面包表面。

　　⑦烘烤——在面火200 ℃、底火180 ℃的烤箱中，烤制15分钟左右。

产/品/特/点

奶香浓郁
色泽金黄
表皮酥脆

任务5 椰蓉面包

[前置任务]

（1）加深对甜面包面团的理解

（2）了解椰蓉皮的做法

[任务介绍]

椰蓉面包是一款经典面包，口感柔软，椰香味浓郁，酥脆，因其独特的风味和柔软的口感，备受大众喜爱。

（1）进一步了解球形面包的制作手法

（2）掌握椰蓉面包的制作特点

（3）巩固甜面包面团的制作基础

[任务实施]

（1）任务实施地点：教室、西点实训室

（2）理论实训一体化任务实施时间分配

①理论讲解（40分钟）。

②原料准备（5分钟）。

③教师示范（35分钟）。

④学生按小组实训（60分钟）。

⑤评价（10分钟）。

⑥卫生（10分钟）。

[任务资料单]

椰蓉面包制作标准

[设备用具]

和面机1台、醒发箱1台、烤箱1台、工作台1张、电子秤1台、切面刀1把、擀面杖1根、不锈钢盆1个、手动打蛋器1个、塑胶刮刀1把、羊毛刷1把。

[原料]

椰蓉面包原料配方和椰蓉馅原料配方，见表2-7、表2-8。

表2-7　椰蓉面包原料配方

原料	烘焙百分比/ %	原料	烘焙百分比/ %
高筋面粉	100	鸡蛋	10
即发性酵母	1	奶粉	4
面包改良剂	0.5	水	52
盐	1	黄油	10
白糖	16	—	—

表2-8　椰蓉馅原料配方

原料	用量/g	原料	用量/g
白糖	100	牛奶	60
黄油	100	椰蓉	200
蛋液	100	—	—

[制作工艺流程]

①椰蓉馅制作——将所有原料放在一个盆里搅拌均匀后用手揉搓成团备用。

②和面成团——将高筋面粉、即发性酵母、面包改良剂、白糖、奶粉、鸡蛋、水放入和面机里，慢速搅拌至面粉成团，再快速搅拌至面筋扩展，最后加入黄油、盐，慢速搅拌至面团完全吸收黄油后，快速搅拌至面筋完全扩展。

③松弛、分割——将面团分割成50 g/个，松弛20分钟。

④包馅整形——将50 g面团用擀面杖擀成小圆饼（中间比边略厚），包入30 g椰蓉馅收口，再用擀面杖擀长，稍薄，卷成圆筒形，收口向下整齐地放在烤盘中。或者将两头稍微拉长再对叠，收口朝内侧，用切面刀切一刀，翻开即可。

产/品/特/点

椰香浓郁
香甜可口

⑤醒发——在温度为30 ℃、湿度为75%的醒发箱中，醒发至八成，再在面包表面均匀地刷上打散的鸡蛋液。

⑥烘烤——在面火200 ℃、底火180 ℃的烤箱中，烤制15分钟左右。

 **调理面包**

[前置任务]

（1）了解调理包面团的特点
（2）掌握饼形面团的制作技巧
（3）掌握蔬菜、肉类与面包的搭配

[任务介绍]

调理面包是将日常生活中的蔬菜与肉制品类相结合，有着颜色丰富、口味多变、营养全面等特点。

（1）了解调理面包的制作手法
（2）掌握面包搭配的特点

[任务实施]

（1）任务实施地点：教室、西点实训室
（2）理论实训一体化任务实施时间分配
①理论讲解（40分钟）。
②原料准备（5分钟）。
③教师示范（35分钟）。
④学生按小组实训（60分钟）。
⑤评价（10分钟）。
⑥卫生（10分钟）。

[任务资料单]

调理面包制作标准

[设备用具]

和面机1台、醒发箱1台、工作台1张、电子秤1台、切面刀1把、不锈钢盆3个、裱花袋1只、擀面杖1根。

[原料]

调料面包原料配方、配料用量分别见表2-9、表2-10。

表2-9　调理面包原料配方

原料	烘焙百分比/ %	原料	烘焙百分比/ %
高筋面粉	100	鸡蛋	10
即发性酵母	1.5	奶粉	6
面包改良剂	0.3	水	48
盐	1.5	黄油	10
白糖	20	—	—

表2-10　调理面包配料用量

配料	用量/g	配料	用量/g
火腿	200	青豌豆	100
沙拉酱	200	甜玉米粒	100
青红椒	100	培根	200
洋葱	100	盐、黑胡椒粉	5

[制作工艺流程]

①配料初加工——配料备齐，青豌豆加盐焯水煮软后捞出用冷水浸泡，保持绿颜色，甜玉米粒过沸水，火腿切丁，青红椒、洋葱切颗粒，培根切小片，沙拉酱装入裱花袋备用。

产/品/特/点

色泽诱人
口感多样
营养丰富

②搅拌——将高筋面粉、即发性酵母、面包改良剂、白糖、奶粉等粉状原料混合均匀后，加入鸡蛋液再分次加入水，慢速搅拌至无干粉状态，再快速搅拌至面筋扩展，加入黄油、盐，慢速搅拌均匀，最后快速搅拌至面筋完全扩展。手上抹少许色拉油，取出面团。

③分割——将面团分割成50 g/个，松弛20分钟。

④整形——将50 g面团揉成球，再用擀面棍擀成圆饼，并用扎眼器扎出小孔。用羊毛刷子刷上全蛋液，撒上加工好的原料（A组：甜玉米粒、青豌豆和火腿丁；B组：青红椒颗粒、洋葱颗粒和培根片，撒上盐、黑胡椒粉）。

⑤醒发——在温度为30 ℃、湿度为75%的醒发箱中，醒发至八成，取出再挤上沙拉酱。

⑥烘烤——预热放入面火200 ℃、底火180 ℃的烤箱中，烤制15分钟即可。

芝士棒

芝士棒原料配方见表2-11。

表2-11　芝士棒原料配方

原料	用量/g	原料	用量/g
培根片	100	芝士片	100
沙拉酱	50	番茄酱	50
珠葱碎	10	—	—
洋葱碎	100	盐、黑胡椒粉	5

[制作工艺流程]

将面团均匀搓成长条状，放入刷油的烤盘醒发，醒发至八九成，然后在面包上交错放上芝士片和培根片，挤上沙拉酱和番茄酱，撒上珠葱碎、洋葱碎、盐、黑胡椒粉。

产/品/特/点

奶酪味浓
营养丰富

香肠卷

香肠卷原料配方见表2-12。

表2-12 香肠卷原料配方

原料	用量/g	原料	用量/g
火腿肠	3根	黑胡椒碎	10
番茄酱	50	—	—

产品特点
色泽金黄
营养丰富

[制作工艺流程]

将面团搓成约30 cm的细长条，均匀地缠绕在火腿肠上，头尾交叉置于烤盘，醒发后，挤上番茄酱，撒上黑胡椒碎，烘烤成熟。

匈牙利芝士火腿

匈牙利芝士火腿原料配方见表2-13。

表2-13 匈牙利芝士火腿原料配方

原料	用量/g	原料	用量/g
培根	100	芝士片	100
沙拉酱	50	匈牙利红椒粉	100

产/品/特/点

色泽棕红
营养丰富

[制作工艺流程]

将分割好的面团擀成长约15 cm、宽5~6 cm的长方形面片，包入培根和芝士片后再卷起，收口向下，裹上一层匈牙利红椒粉，整齐摆入烤盘，醒发好后用刀片在面包上划两刀，挤上沙拉酱，烘烤成熟即可。

任务7 多纳滋面包——甜甜圈

[前置任务]

（1）了解多纳滋面团的特点
（2）掌握圆圈形面团的制作技巧
（3）了解炸面团的技术要领

[任务介绍]

甜甜圈又名多纳滋（Doughnuts），是一款通过油炸烹熟的面包，颜色金黄，香味独特，可配合巧克力酱、坚果、水果等食用，口味丰富多变，备受人们推崇。

（1）了解圈形面包的制作手法
（2）掌握面包炸制过程的要求
（3）分析多纳滋面团与甜面包面团的差别

[任务实施]

（1）任务实施地点：教室、西点实训室
（2）理论实训一体化任务实施时间分配
①理论讲解（40分钟）。
②原料准备（5分钟）。
③教师示范（35分钟）。
④学乞按小组实训（60分钟）。
⑤评价（10分钟）。
⑥卫乞（10分钟）。

[任务资料单]

甜甜圈制作标准

[设备用具]

和面机1台、醒发箱1台、电磁炉（带锅）1套、不锈钢夹子1把、工作台1张、电子秤1台、圆形模具1个、切面刀1把、不锈钢盆3个、裱花袋1只、塑胶刮刀2把。

[原料、装饰辅料]

甜甜圈原料配方见表2-14，甜甜圈装饰辅料配方见表2-15。

表2-14　甜甜圈原料配方

原料	烘焙百分比/ %	原料	烘焙百分比/ %
高筋面粉	100	鸡蛋	6
即发性酵母	1.2	奶粉	4
面包改良剂	0.5	水	54
盐	1.2	黄油	10
白糖	20	—	—

表2-15　甜甜圈装饰辅料配方

装饰辅料	用量/g	装饰辅料	用量/g
黑巧克力	200	杏仁片	60
白巧克力	200	巧克力彩针	60

[制作工艺流程]

①搅拌：将高筋面粉、即发性酵母、面包改良剂、白糖、奶粉等粉状原料混合均匀后，加入鸡蛋液（鸡蛋打散）再分次加入水，慢速搅拌至无干粉状态，再快速搅拌至面筋扩展，加入黄油、盐，慢速搅拌均匀，最后快速搅拌至面筋完全扩展。手上抹少许色拉油，取出面团。

②分割——将面团分割成50 g/个，松弛20分钟。

③成型——成型方法有三种：将松弛后的面团稍微按扁在中间戳

穿，再均匀用力向四周扯成粗细均匀的手镯形；将50 g面团用搓条法搓成均匀的小长条，尾部擀扁后包住头部，将其搓得粗细均匀，圈成圆圈形；将松弛后的面团稍微擀扁，厚薄均匀，用模具压出形状后稍微整理一下形状。将做好的甜甜圈面包放入刷油的烤盘

中，四周间距应合适。

④醒发——在温度为30 ℃、湿度为75%的醒发箱中，醒发至八成，取出面包放在常温下待面包表面发干。

⑤炸制——油温为170 ℃，两面各炸1分钟左右。

⑥装饰——装饰部分制作：用水浴法分别融化白巧克力、黑巧克力。将杏仁片在140 ℃的烤箱中烤熟。取部分白巧克力酱、黑巧克力酱装入裱花袋备用。待甜甜圈冷却后蘸取部分巧克力酱，撒上杏仁片、巧克力彩针，并趁热蘸上白糖等作为装饰。

 **豆沙面包**

[前置任务]

（1）了解包馅面团的特点
（2）掌握豆沙面包烘烤的特点

[任务介绍]

豆沙面包属于包馅类面包，豆沙的口感结合面包的柔软，是一款非常有特点的面包，备受人们喜欢。

（1）了解包馅类面包的制作手法
（2）掌握搓球的手法

[任务实施]

（1）任务实施地点：教室、西点实训室
（2）理论实训一体化任务实施时间分配
①理论讲解（40分钟）。
②原料准备（5分钟）。
③教师示范（35分钟）。
④学生按小组实训（60分钟）。
⑤评价（10分钟）。
⑥卫生（10分钟）。

[任务资料单]

豆沙面包制作标准

[设备用具]

和面机1台、醒发箱1台、烤箱1台、工作台1张、电子秤1台、切面刀1把、羊毛刷1把。

[原料、馅料、装饰辅料]

豆沙面包原料配方见表2-16，豆沙面包馅料配方见表2-17，豆沙面包装饰辅料配方见表2-18。

表2-16 豆沙面包原料配方

原料	烘焙百分比/%	原料	烘焙百分比/%
高筋面粉	100	鸡蛋	10
即发性酵母	1	奶粉	4
面包改良剂	0.5	水	52
盐	1	黄油	10
白糖	16	—	—

表2-17 豆沙面包馅料配方

馅料	用量/g	馅料	用量/g
红豆沙馅	500	—	—

表2-18 豆沙面包装饰辅料配方

装饰辅料	用量/g	装饰辅料	用量/g
黑芝麻	50	白芝麻	50

[制作工艺流程]

①搅拌——将高筋面粉、即发性酵母、面包改良剂、白糖、奶粉等原料混合均匀后，加入鸡蛋液（鸡蛋打散）再分次加入水，慢速搅拌至无干粉状态，再快速搅拌至面筋扩展，加入黄油、盐，慢速搅拌均匀，最后快速搅拌至面筋完全扩展。手上抹少许色拉油，取出面团。

②分割——将面团分割成50 g/个，松弛20分钟，把红豆沙馅分成30 g/个。

③整形——将50 g面团用搓球法搓成小球，压扁，并把红豆沙馅包入其中备用。

④醒发——蘸上黑、白芝麻，放入温度为30 ℃、湿度为75%的醒发箱中，醒发至八成。

⑤烘烤——放入面火190 ℃、底火180 ℃的烤箱，烤制15分钟左右。

 课后拓展

花式豆沙面包

将甜面包面团包入豆沙后，用擀面杖擀成各种各样造型的面饼，再用美工刀划出各种花式，如手掌形、枫叶形、心形、毛毛虫形等。

制作成型后放入刷油的烤盘中，摆放整齐，醒发。

醒发完成后，在面包表面刷上鸡蛋液，放入烤箱烤制，烘烤成熟。

任务9　肉松面包

[前置任务]

（1）了解肉松面包的特点
（2）掌握橄榄形面包的制作技术

[任务介绍]

肉松面包是一款由甜面团面包演变而来的经典面包，咸甜口味，适合大众。
（1）了解橄榄形面包的制作手法
（2）掌握肉松面包的特点

[任务实施]

（1）任务实施地点：教室、西点实训室
（2）理论实训一体化任务实施时间分配
①理论讲解（40分钟）。
②原料准备（5分钟）。
③教师示范（35分钟）。
④学生按小组实训（60分钟）。
⑤评价（10分钟）。
⑥卫生（10分钟）。

[任务资料单]

肉松面包制作标准

[设备用具]

和面机1台、醒发箱1台、烤箱1台、工作台1张、电子秤1台、切面刀1把、羊毛刷1把、擀面杖1根。

[原料、装饰辅料]

肉松面包原料配方见表2-19，肉松面包装饰辅料配方见表2-20。

表2-19　　肉松面包原料配方

原料	烘焙百分比/ %	原料	烘焙百分比/ %
高筋面粉	100	鸡蛋	10
即发性酵母	1	奶粉	4
面包改良剂	0.5	水	52
盐	1	黄油	10
白糖	16	—	—

表2-20　　肉松面包装饰辅料配方

装饰辅料	用量/g	装饰辅料	用量/g
肉松	250	沙拉酱	150

[制作工艺流程]

①搅拌——将高筋面粉、即发性酵母、面包改良剂、白糖、奶粉等粉状原料混合均匀后，加入鸡蛋液（鸡蛋打散）再分次加入水，慢速搅拌至无干粉状态，再快速搅拌至面筋扩展，加入黄油、盐调慢速搅拌均匀，最后快速搅拌至面筋完全扩展。手上抹少许色拉油，取出面团。

②分割——将面团分割成50 g/个，松弛20分钟。

③整形——将50 g面团用擀面杖擀成牛舌形，再卷起来，边卷边向面团中间挤，最终挤出一个橄榄形，收口向下，放入烤盘中，四周间距合适。

④醒发——在温度为30 ℃、湿度为75%的醒发箱中，醒发至八成，用羊毛刷蘸取鸡蛋液刷在面包表面。

⑤烘烤——放入面火190 ℃、底火180 ℃的烤箱，烤制15分钟左右。

⑥装饰——把沙拉酱均匀涂抹到面包表面，再撒上肉松，使肉松均匀地覆盖在面包表面即可。

产/品/特/点

营养丰富
味美可口

任务10 奶油面包

[前置任务]

（1）了解奶油面包的特点
（2）掌握橄榄形面包的制作技术

[任务介绍]

奶油面包是一款由甜面包面团演变而来的经典面包，口味回甜，适合大众。
（1）进一步了解橄榄形面包的制作手法
（2）掌握奶油面包的特点

[任务实施]

（1）任务实施地点：教室、西点实训室
（2）理论实训一体化任务实施时间分配
①理论计解（40分钟）。
②原料准备（5分钟）。
③教师示范（35分钟）。
④学生按小组实训（60分钟）。
⑤评价（10分钟）。
⑥卫生（10分钟）。

[任务资料单]

奶油面包制作标准

[设备用具]

和面机1台、醒发箱1台、烤箱1台、工作台1张、电子秤1台、切面刀1把、锯齿刀1把、羊毛刷1把、擀面杖1根、齿形裱花袋1只。

[原料、装饰辅料]

奶油面包原料配方见表2-21，奶油面包装饰辅料配方见表2-22。

表2-21　奶油面包原料配方

原料	烘焙百分比/%	原料	烘焙百分比/%
高筋面粉	100	鸡蛋	10
即发性酵母	1	奶粉	4
面包改良剂	0.5	水	52
盐	1	黄油	10
白糖	16	—	—

表2-22　奶油面包装饰辅料配方

装饰辅料	用量/g	装饰辅料	用量/g
植脂奶油	200	草莓或时令水果	150
糖粉	适量	—	—

[制作工艺流程]

①搅拌——将高筋面粉、即发性酵母、面包改良剂、白糖、奶粉等粉状原料混合均匀后，加入鸡蛋液（鸡蛋打散）再分次加入水，慢速搅拌至无干粉状态，再快速搅拌至面筋扩展，加入黄油、盐调慢速搅拌均匀，最后快速搅拌至面筋完全扩展。手上抹少许色拉油，取出面团。

②分割——将面团分割成50 g/个，松弛20分钟。

③整形——将50 g面团用擀面杖擀成牛舌形，再卷起来，边卷边向面团中间挤，最终挤出一个橄榄形，收口向下，放入烤盘中，四周间距合适。

④醒发——在温度为30 ℃、湿度为75%的醒发箱中，醒发至八成，用羊毛刷蘸取鸡蛋液刷在面包表面。

⑤烘烤——放入面火190 ℃、底火180 ℃的烤箱，烤制15分钟左右。

⑥装饰成型——把打发的植脂奶油装入有齿形的裱花袋中，均匀地挤入用锯齿刀锯开的橄榄形面包内，放上洗干净的鲜草莓，再均匀地撒上糖粉点缀在面包表面即可。

任务11 热狗面包

[前置任务]

（1）了解热狗面包的特点
（2）掌握橄榄形面包的制作技术

[任务介绍]

热狗面包是一款由白面包面团演变而来的经典面包，口味鲜美，适合大众。
（1）了解橄榄形面包的制作手法
（2）掌握热狗面包的特点

[任务实施]

（1）任务实施地点：教室、西点实训室
（2）理论实训一体化任务实施时间分配
①理论讲解（40分钟）。
②原料准备（5分钟）。
③教师示范（35分钟）。
④学生按小组实训（60分钟）。
⑤评价（10分钟）。
⑥卫生（10分钟）。

[任务资料单]

热狗面包制作标准

[设备用具]

和面机1台、醒发箱1台、烤箱1台、工作台1张、电子秤1台、切面刀1把、锯齿刀1把、羊毛刷1把、擀面杖1根、裱花袋2只。

[原料、配料]

热狗面包原料配方见表2-23，热狗面包配料配方见表2-24。

表2-23　热狗面包原料配方

原料	烘焙百分比/%	原料	烘焙百分比/%
高筋面粉	100	鸡蛋	10
即发性酵母	1	奶粉	4
面包改良剂	0.5	水	52
盐	1	黄油	10
白糖	10	—	—

表2-24　热狗面包装饰配料配方

配料	用量/g	配料	用量/g
生菜	150	沙拉酱	100
热狗肠	200	番茄酱	100

[制作工艺流程]

①搅拌——将高筋面粉、即发性酵母、面包改良剂、白糖、奶粉等粉状原料混合均匀后，加入鸡蛋液（鸡蛋打散）再分次加入水，慢速搅拌至无干粉状态，再快速搅拌至面筋扩展，加入黄油、盐，慢速搅拌均匀，最后快速搅拌至面筋完全扩展。手上抹少许色拉油，取出面团。

②分割——将面团分割成50 g/个，松弛20分钟。

③整形——将50 g面团用擀面杖擀成牛舌形，再卷起来，边卷边向面团中间挤，最终挤出一个橄榄形，收口向下，放入烤盘中，四周间距合适。

产/品/特/点

味道鲜美
营养丰富

④醒发——在温度为30 ℃、湿度为75%的醒发箱中，醒发至八成，用羊毛刷蘸取鸡蛋液刷在面包表面。

⑤烘烤——放入面火190 ℃、底火180 ℃的烤箱，烤制15分钟左右。

⑥装饰成型——将沙拉酱和番茄酱装入裱花袋中，依次将洗干净的生菜、烤热的热狗肠放入用锯齿刀锯开烤好、稍冷的面包中，在面包表面均匀地挤上沙拉酱或番茄酱即可。

任务12 牛肉芝士汉堡

[前置任务]

（1）了解汉堡的组成部分
（2）掌握汉堡的制作技术

[任务介绍]

汉堡是一款既营养又美味的西式快餐产品，它的特点是食用方便、制作简单、搭配多样。
（1）了解汉堡的制作手法
（2）掌握汉堡的特点

[任务实施]

（1）任务实施地点：教室、西点实训室
（2）理论实训一体化任务实施时间分配
①理论讲解（40分钟）。
②原料准备（5分钟）。
③教师示范（35分钟）。
④学生按小组实训（60分钟）。
⑤评价（10分钟）。
⑥卫生（10分钟）。

[任务资料单]

牛肉芝士汉堡制作标准

[设备用具]

和面机1台、烤箱1台、醒发箱1台、裱花袋2只、抹刀1把、切面刀1把、锯齿刀1把、平底锅1口、木柄炒勺1把。

[原料、装饰辅料、配料]

汉堡面包坯原料配方见表2-25，汉堡装饰辅料配方表2-26，牛肉芝士汉堡原料配方见表2-27。

表2-25　汉堡面包坯原料配方

原料	烘焙百分比/ %	原料	烘焙百分比/ %
高筋面粉	100	鸡蛋	10
即发性酵母	1	奶粉	1
面包改良剂	0.5	水	56
盐	1	黄油	8
白糖	10	—	—

表2-26　汉堡装饰辅料配方

原料	用量/g	原料	用量/g
白芝麻	适量	—	—

[汉堡面包坯制作工艺过程]

①搅拌——将高筋面粉、即发性酵母、面包改良剂、白糖、奶粉等粉状原料混合均匀后，加入鸡蛋液（鸡蛋打散）再分次加入水，慢速搅拌至无干粉状态，再快速搅拌至面筋扩展，加入黄油、盐，慢速搅拌均匀，最后快速搅拌至面筋完全扩展。手上抹少许色拉油，取出面团。

②分割——将面团分割成80 g/个，松弛20分钟。

③整形——将80 g面团搓成标准的球形，放入烤盘中。

④醒发——将面团放进温度为30 ℃、湿度为75%的醒箱中，醒发至八成即可。

⑤装饰——用羊毛刷将鸡蛋液均匀地刷在面包表面，撒上白芝麻。

⑥烘烤——放入面火220 ℃、底火200 ℃的烤箱烘烤20分钟，烤至颜色金黄即可。

表2-27　牛肉芝士汉堡原料配方

配料	用量	配料	用量
汉堡面包	1个	牛绞肉	200 g
生菜	1颗	芝士片	2张
西红柿	1个	番茄酱	1瓶
黑胡椒碎	10 g	沙拉酱	1瓶
洋葱	1个	黄油	适量
鸡蛋	1个	面包糠	适量
盐	10 g	色拉油	适量

[牛肉芝士汉堡制作工艺流程]

①把汉堡面包从中间片开成两片，抹上黄油放入烤箱中烤制上色。

②将洋葱切碎、西红柿切片备用。

③把牛绞肉放入盆中，加入盐和鸡蛋，并用手使劲搅打，让肉充分吸收鸡蛋液后加入面包糠混匀，最后加入黑胡椒碎拌匀即可。

④在平底锅中加少许色拉油，烧热，将200 g牛绞肉在热油锅中摊成肉饼（可以用模具定型），煎制两面焦黄，再放入烤箱烤制8分钟。

⑤牛肉饼烤到最后1分钟时，把芝士片放在牛肉饼上温化。

⑥最后按照顺序摆上生菜、西红柿片和牛肉饼、温化的芝士片和洋葱碎，并挤上沙拉酱、番茄酱即可。

产/品/特/点

肉嫩多汁
口感霸气

 **白吐司**

[前置任务]

（1）了解吐司面团的特点
（2）了解制作吐司的技术要领

[任务介绍]

　　吐司是一种用模具制作的面包，运用吐司模具将面包制成方形、山顶形和圆顶形等款式。吐司也是一款常见的主食面包，多用作早餐面包、餐前面包、三明治等。
（1）了解吐司的制作手法
（2）掌握吐司制作时的温度、湿度变化过程

[任务实施]

（1）任务实施地点：教室、西点实训室
（2）理论实训一体化任务实施时间分配
①理论讲解（10分钟）。
②原料准备（5分钟）。
③教师示范（35分钟）。
④学生按小组实训（60分钟）。
⑤评价（10分钟）。
⑥卫生（10分钟）。

[任务资料单]

白吐司制作标准

[设备用具]

　　烤箱1台、和面机1台、醒发箱1台、工作台1张、电子秤1台、切面刀1把、吐司模具1个（450 g/个）、冷却盘1个、擀面杖1根、锯齿刀1把。

[原料]

　　白吐司原料配方见表2-28。

表2-28 白吐司原料配方

原料	烘焙百分比/%	原料	烘焙百分比/%
高筋面粉	100	糖	3
即发性酵母	1.2	奶粉	4
面包改良剂	0.5	水	60
盐	1.8	黄油	6
白糖	8	—	—

[制作工艺流程]

①搅拌——将原料（除黄油、盐）放入和面机，慢速搅拌至面粉成团，再快速搅拌至面筋扩展，加入黄油、盐继续搅拌至全筋状态即可。

②分割——将面团分割成150 g/个，松弛20分钟。

③整形——将150 g面团用擀面杖擀成牛舌形，再自上而下卷起，继续松弛10分钟后再擀并第二次卷起。将3个面团放入吐司盒中（根据吐司盒的大小决定面团的大小）。

④醒发——放入温度为30 ℃、湿度为75%的醒发箱中，醒发至八成，盖上吐司盖。

⑤烘烤——放入面火为200 ℃、底火200 ℃的烤箱中，烤制25分钟，取出吐司换面，再以面火180 ℃、底火180 ℃烤制20分钟出炉。

⑥冷却——将烤好的白吐司轻微震荡后脱模，放在冷却盘中冷却至常温即可。

⑦成品——冷却后用锯齿刀将整块吐司切成厚薄均匀的面包片。

产/品/特/点

营养健康
口感松软

任务14 三明治

[前置任务]

（1）了解三明治的组成部分
（2）掌握三明治的制作技术

[任务介绍]

三明治是一款历史比较悠久的面包，面包里夹的东西是丰富多变的，口味口感也可以根据需要进行选择。
（1）了解三明治的制作手法
（2）掌握三明治的特点

[任务实施]

（1）任务实施地点：教室、西点实训室
（2）理论实训一体化任务实施时间分配
①理论讲解（40分钟）。
②原料准备（5分钟）。
③教师示范（35分钟）。
④学生按小组实训（60分钟）。
⑤评价（10分钟）。
⑥卫生（10分钟）。

[任务资料单]

三明治制作标准

[设备用具]

烤箱1台、裱花袋2只、抹刀1把、锯齿刀1把、竹签4根、平底锅1口、木柄炒勺1把。

[原料]

三明治原料配方见表2-29。

表2-29　三明治原料配方

原料	用量	原料	用量
吐司片	4片	鸡蛋	2个
生菜	1棵	芝士片	数张
西红柿	1个	番茄酱	1瓶
方火腿	1小块	沙拉酱	1瓶
色拉油	适量	—	—

[制作工艺流程]

①将吐司片平铺在烤盘上，放入面火200 ℃、底火200 ℃烤箱中，烤至金黄取出。

②把沙拉酱、番茄酱分别装入裱花袋中备用。

③平底锅烧热，加入少许色拉油，把鸡蛋打入其中，煎至两面金黄备用。

④将装有沙拉酱的裱花袋剪一小口，将沙拉酱均匀地挤在每一片吐司表面并用抹刀抹匀。

⑤将每种食材放在土司表面，挤上番茄酱。

⑥按照顺序把烤好的吐司片层层叠好，并插上竹签固定。

⑦用锯齿刀切去四边，再从吐司中间对切即可。

产/品/特/点

营养丰富
美味

可颂

[前置任务]

（1）了解起酥面团的特点
（2）掌握"搓"面团的制作技巧
（3）了解制作可颂的技术要领

[任务介绍]

可颂起源于奥地利，因其口味独特和外观造型而风靡全球。可颂的外形酷似牛、羊头上的犄角，所以又名"牛角面包"或"羊角面包"。

（1）了解可颂的制作手法
（2）掌握可颂的制作过程
（3）注意起酥面团的制作要求

[任务实施]

（1）任务实施地点：教室、西点实训室
（2）理论实训一体化任务实施时间分配
①理论讲解（10分钟）。
②原料准备（5分钟）。
③教师示范（35分钟）。
④学生按小组实训（90分钟）。
⑤评价（10分钟）。
⑥卫生（10分钟）。

[任务资料单]

可颂制作标准

[设备用具]

烤箱1台、和面机1台、醒发箱1台、起酥机1台、冰箱1台、轮刀1把、工作台1张、电子秤1台、排刀1把、羊毛刷1把、不锈钢盆1个。

[原料]

可颂原料配方见表2-30，可颂裹入油配方见表2-31。

表2-30　可颂原料配方

原料	烘焙百分比/%	原料	烘焙百分比/%
中筋面粉	100	鸡蛋	6
即发性酵母	1.5	奶粉	3
面包改良剂	0.5	水	50
盐	2	黄油	10
白糖	10	—	—

表2-31　可颂裹入油配方

裹入油	用量/g
片状黄油	600

[制作工艺流程]

①将可颂原料放入和面机，慢速搅拌至面粉成团，再快速搅拌至面筋扩展。

②用起酥机将面团压扁成长方形，放入冰箱冷冻40分钟。

③取出冷冻后的面团包入600 g的片状黄油。用起酥机把包入片状黄油的面团压长，从面的1/3处向内折第一次3折。

④再用起酥机顺折口处把面长折第二次3折。

⑤最后重复④的步骤折第三次3折后冷藏松弛30分钟。

⑥将面团在起酥机上开成4 mm厚的长条，并用轮刀切成边长9 cm、高21 cm的等腰三角形。

⑦用搓的手法从三角形的底部往上搓卷成牛角形。

⑧放入湿度75%、温度27 ℃的醒发箱中，醒发至面团体积是原来的2倍。

⑨放入面火温度200 ℃、底火温度200 ℃的烤箱，烤至表面金黄即可。

产/品/特/点

口感酥松
层次分明

任务16 丹麦面包

[前置任务]

（1）了解起酥面团的特点
（2）掌握多种丹麦面团的制作技巧
（3）了解丹麦面包的技术要领

[任务介绍]

丹麦面团是一种起酥面团，也称为维也纳面团，口感酥软、酥成分明、奶香味浓郁，常搭配水果、坚果、果酱等食用。
（1）了解丹麦面包的制作手法
（2）掌握丹麦面包的制作过程
（3）注意起酥面团的要求

[任务实施]

（1）任务实施地点：教室、西点实训室
（2）理论实训一体化任务实施时间分配
①理论讲解（40分钟）。
②原料准备（5分钟）。
③教师示范（35分钟）。
④学生按小组实训（60分钟）。
⑤评价（10分钟）。
⑥卫生（10分钟）。

[任务资料单]

丹麦面包制作标准

[设备用具]

烤箱1台、和面机1台、醒发箱1台、起酥机1台、冰箱1台、轮刀1把、工作台1张、电子秤1台、排刀1把、羊毛刷1把、不锈钢盆1个。

[原料、裹入油、装饰辅料]

丹麦面包原料配方见表2-32，丹麦面包裹入油配方见表2-33，丹麦面包装饰辅料配方见表2-34。

表2-32　丹麦面包原料配方

原料	烘焙百分比/ %	原料	烘焙百分比/ %
中筋面粉	100	鸡蛋	15
即发性酵母	2	奶粉	3
面包改良剂	0.5	水	41
盐	1.2	黄油	8
白糖	10	—	—

表2-33　丹麦面包裹入油配方

裹入油	用量/g
片状黄油	500

表2-34　丹麦面包装饰辅料配方

装饰辅料	用量/g	装饰辅料	用量/g
蛋黄	60	白糖	75
玉米淀粉	20	牛奶	250
香草精	少许	水果	适量

[制作工艺流程]

①将丹麦面包原料放入和面机，慢速搅拌至面粉成团，再快速搅拌至面筋扩展。

②用起酥机将面团压扁成长方形，放入冰箱冷冻40分钟。

③取出冷冻后的面团包入500 g的片状黄油。用起酥机把包入片状黄油的面团压长，从面的1/3处向内折第一次3折。

④再用起酥机顺折口处把面开长折第二次3折。

⑤最后重复④的步骤折第三次3折后冷藏松弛30分钟。

⑥将面团在起酥机上开成3 mm厚，并用轮刀切成边长8 cm的正方形。

⑦用刀分别在正方形四边割出一条口子，再相互交叉叠起。

⑧按一定间隔地将丹麦面包摆入烤盘中，在湿度75%、温度27 ℃的醒发箱中醒发至体积是原来的2倍，轻轻地在表面刷上鸡蛋液，不能刷到酥层上，以防酥层粘连。

⑨放入面火温度210 ℃、底火温度200 ℃的烤箱，烤至表面金黄即可。

任务17 牛奶吐司

[前置任务]

（1）了解牛奶吐司面团的特点
（2）掌握全筋状态面团的制作技巧
（3）了解制作牛奶吐司的技术要领

[任务介绍]

牛奶吐司属于吐司类的一种。制作出现问题大多是面团面筋没有揉好导致面团烤出来的高度不够，或者切开吐司后发酵过度导致组织结构粗糙或气味偏酸。

（1）了解牛奶吐司的制作手法
（2）掌握山形吐司的制作技术

[任务实施]

（1）任务实施地点：教室、西点实训室
（2）理论实训一体化任务实施时间分配
①理论讲解（40分钟）。
②原料准备（5分钟）。
③教师示范（35分钟）。
④学生按小组实训（60分钟）。
⑤评价（10分钟）。
⑥卫生（10分钟）。

[任务资料单]

牛奶吐司制作标准

[设备用具]

烤箱1台、和面机1台、醒发箱1台、工作台1张、电子秤1台、切面刀1把、吐司模具1个（450 g/个）、冷却盘1个、擀面杖1根。

[原料]

牛奶吐司原料配方见表2-35。

表2-35　牛奶吐司原料配方

原料	烘焙百分比/ %	原料	烘焙百分比/ %
高筋面粉	100	白糖	15
即发性酵母	1.2	牛奶	52
面包改良剂	0.5	奶粉	4
盐	1.5	黄油	10
鸡蛋	6	—	—

[制作工艺流程]

①搅拌——将原料（除黄油、盐）放入和面机，慢速搅拌至面粉成团，再快速搅拌至面筋扩展，加入黄油、盐继续搅拌至全筋状态即可。

②分割——将面团分割成150 g/个，松弛20分钟。

③整形——将150 g面团用擀面杖擀成牛舌形，再自上而下卷起，继续松弛10分钟后再擀并第二次卷起。将3个面团放在吐司盒中。

④醒发——在温度为28 ℃、湿度为75%的醒发箱中，醒发至八成，用竹签稍微插一下或用刀划一下排气，再刷上鸡蛋液。

⑤烘烤——放入面火 200 ℃、底火 200 ℃的烤箱，烤制 25 分钟后，取出翻面再放入烤箱面火 180 ℃、底火 180 ℃，烤制 20 分钟出炉。

⑥冷却——将烤好的牛奶吐司轻微震荡后脱模，放在冷却盘中冷却至常温即可。

产/品/特/点

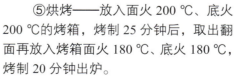
色泽金黄
口感香软
营养丰富

任务18　全麦吐司

[前置任务]

（1）了解全麦吐司面团的特点

（2）掌握中种面团的制作技巧

（3）了解制作全麦吐司的技术要领

[任务介绍]

全麦吐司是中种吐司，学生需要掌握中种面团的发酵技术。同时，全麦面粉也是一种含麦麸、胚芽、胚乳的面粉，它的热量相对较低，且天然健康，营养丰富。

（1）了解全麦吐司的制作手法

（2）掌握中种面包的制作技术

[任务实施]

（1）任务实施地点：教室、西点实训室

（2）理论实训一体化任务实施时间分配

①理论讲解（40分钟）。

②原料准备（5分钟）。

③教师示范（35分钟）。

④学生按小组实训（60分钟）。

⑤评价（10分钟）。

⑥卫生（10分钟）。

[任务资料单]

全麦吐司制作标准

[设备用具]

烤箱1台、和面机1台、醒发箱1台、工作台1张、电子秤1台、切面刀1把、吐司模具1个（450 g/个）、冷却盘1个、擀面杖1根。

[原料]

全麦吐司原料配方见表2-36。

表2-36　全麦吐司原料配方

原料	烘焙百分比/ %	原料	烘焙百分比/ %
高筋面粉	70	白糖	8
全麦面粉	30	水	64
面包改良剂	0.5	奶粉	4
盐	1.5	黄油	6
即发性酵母	1.2	鸡蛋	6

[制作工艺流程]

中种面团：将高筋面粉、即发性酵母、水放在一起，揉均匀并放在常温环境中发酵4~6小时即可。

主面团：

①搅拌——将中种面团和剩余原料（除黄油、盐）放入和面机里，慢速搅拌至面粉成团，后快速搅拌至面筋扩展，加入黄油、盐继续搅拌至全筋状态即可。

②分割——将面团分割成150 g/个，松弛20分钟。

③整形——将150 g面团用擀面杖擀成牛舌形，再自上而下卷起，继续松弛10分钟后再擀第二次卷起。将3个150 g的面团放入吐司盒中。

④醒发——在温度为28 ℃、湿度为75%的醒发箱中，醒发至八成，盖上吐司盖。

⑤烘烤——放入面火180 ℃、底火200 ℃的烤箱中，烤制20分钟后，取出翻面，再用面火160 ℃、底火180 ℃烤制20分钟出炉。

⑥冷却——将烤好的全麦吐司轻微震荡后脱模，放在冷却盘中冷却至常温即可。

产/品/特/点

天然健康
营养丰富

 **法棍面包**

[前置任务]

（1）了解法式面团的特点

（2）掌握棍形面包的制作技巧

（3）了解制作法棍面包的核心技术要领

[任务介绍]

法棍是由面粉、酵母、盐和水按照比例制作而成，也是欧式面包中比较经典的一款面包，常用于制作餐前面包、三明治等。

（1）了解法棍面包的制作方式

（2）掌握棍形面包的制作过程

（3）注意法棍的发酵温度以及烤制时温度

[任务实施]

（1）任务实施地点：教室、西点实训室

（2）理论实训一体化任务实施时间分配

①理论讲解（40分钟）。

②原料准备（5分钟）。

③教师示范（35分钟）。

④学生按小组实训（60分钟）。

⑤评价（10分钟）。

⑥卫生（10分钟）。

[任务资料单]

法棍面包制作标准

[设备用具]

烤箱1台、和面机1台、醒发箱1台、工作台1张、切面刀1把、割口刀1把、烤盘2个。

[原料]

法棍面包原料配方见表2-37。

表2-37 法棍面包原料配方

原料	烘焙百分比/%	原料	烘焙百分比/%
中筋面粉	100	盐	2
即发性酵母	2	水	72

[制作工艺流程]

①搅拌——将中筋面粉、水混合在一起揉匀，使面团水解20分钟，再将面团加入水、即发性酵母和盐，用和面机快速搅拌至面筋完全拓展。

②分割——将面团分割成250 g/个，松弛20分钟。

③用保鲜膜盖在面团上，自然发酵30分钟，再翻面盖上保鲜膜自然发酵30分钟。

④整形——将250 g的面团轻轻拍打排气，然后由上至下用按压和卷的手法将面团制成棍状，并且使用搓的手法将面团搓长且均匀，最后放入烤盘中。

⑤醒发——在温度为26 ℃、湿度为75%的醒发箱中，醒发至八成，再用割口刀在法棍上割出5条裂口。

⑥烘烤——放入面火230 ℃、底火220 ℃的烤箱，烤制20分钟，面包入炉后打蒸汽5秒。20分钟后取出面包，翻面，再用面火200 ℃、底火200 ℃继续烤制10分钟即可。

产/品/特/点
硬质面包
口感脆硬

任务20　法式乡村面包

[前置任务]

（1）了解法式面团的特点
（2）掌握多种面包的制作技巧
（3）了解法式乡村面包的制作手法

[任务介绍]

法式乡村面包是一款多元化的面包，造型多样，口味丰富，制作时可添加一些坚果、果脯以及全麦粉、黑麦粉等。
（1）了解法式乡村面包的制作方式
（2）掌握圆形、橄榄形、三角形等面团的制作手法

[任务实施]

（1）任务实施地点：教室、西点实训室
（2）理论实训一体化任务实施时间分配
①理论讲解（40分钟）。
②原料准备（5分钟）。
③教师示范（35分钟）。
④学生按小组实训（60分钟）。
⑤评价（10分钟）。
⑥卫生（10分钟）。

[任务资料单]

法式乡村面包制作标准

[设备用具]

烤箱1台、和面机1台、醒发箱1台、工作台1张、切面刀1把、割口刀1把、烤盘2个。

[原料]

法式乡村面包原料配方见表2-38。

表2-38 法式乡村面包原料配方

原料	烘焙百分比/ %	原料	烘焙百分比/ %
高筋面粉	70	盐	2
全麦面粉	30	水	72
即发性酵母	2	小米	5

[制作工艺流程]

①搅拌——将高筋面粉、全麦面粉和水混合在一起揉匀，使面团水解30分钟。再将剩下的原料与水解后的面团放入和面机里慢速搅拌成团，再快速打成全筋状态即可。

②分割——将面团分割成200 g/个和100 g/个为一组，松弛20分钟。

③整形——将一组面团轻轻拍打排气，然后用揉的手法将面团做成球，用折叠的手法将200 g面团做成三角形，放进小米中，背面蘸上一层小米，另将100 g面团擀成一张薄的大面饼，并将200 g的三角形面团收口向上放入面饼中包成三角形，收口向下，最后放入烤盘中。

④醒发——在温度为26 ℃、湿度为75%的醒发箱中，醒发至八成，筛上面粉，再用割口刀在面包表面割出花形。

⑤烘烤——放入面火230 ℃、底火220 ℃的烤箱，烤制20分钟，面包入炉后打蒸汽5秒。25分钟后将面包取出翻面，转面火200 ℃、底火200 ℃继续烤制10分钟即可。

产/品/特/点

造型独特
营养丰富

贝果面包

[前置任务]

（1）了解贝果面包的特点
（2）掌握圈形面团的制作技巧
（3）了解煮面包的技术要领

[任务介绍]

贝果面包是犹太人的主要食物，是由犹太人引入美国的。它的做法独特，在焙烤之前需用水煮一煮，从而使面包表皮更加劲道。它可用于主食，也可用于制作三明治。

（1）了解贝果面包的制作手法
（2）掌握贝果面包的制作过程
（3）注意煮面包的时间把握

[任务实施]

（1）任务实施地点：教室、西点实训室
（2）理论实训一体化任务实施时间分配
①理论讲解（40分钟）。
②原料准备（5分钟）。
③教师示范（35分钟）。
④学生按小组实训（60分钟）。
⑤评价（10分钟）。
⑥卫生（10分钟）。

[任务资料单]

贝果面包制作标准

[设备用具]

烤箱1台、和面机1台、醒发箱1台、电磁炉1台、复合底煮锅1口、切面刀1把、滤网1个、烤盘2个、擀面杖1根。

[原料、装饰辅料]

贝果面包原料配方见表2-39，煮贝果糖水原料配方表2-40，贝果面包装饰辅料配方见表2-41。

表2-39 贝果面包原料配方

原料	烘焙百分比/ %	原料	烘焙百分比/ %
高筋面粉	100	白糖	20
即发性酵母	1	水	56
面包改良剂	0.5	黄油	2
盐	20	—	—

表2-40 煮贝果糖水原料配方

原料	用量/g	原料	用量/g
水	1500	白糖	100

表2-41 贝果面包装饰辅料配方

装饰辅料	用量/g	装饰辅料	用量/g
白芝麻	100	黑芝麻	100

[制作工艺流程]

①搅拌——将贝果面包原料（除黄油、盐）放入和面机里，慢速搅拌至面粉成团，后快速搅拌至面筋完全拓展。

②分割——将面团分割成80 g/个，松弛20分钟。

③整形——将80 g面团用擀面杖擀开，再卷成均匀的小长条，并圈成圆圈形，放入烤盘中，四周间距合适。

④醒发——在温度为28 ℃、湿度为75%的醒发箱中，醒发至六七成。

⑤煮制——将1 500 g水和100 g白糖放在煮锅中，在电磁炉上煮沸，把发酵好的贝果放入糖水中每面煮30秒，沥干水分蘸上芝麻放入烤盘中。

⑥烘烤——放入面火200 ℃、底火200 ℃的烤箱中，烘烤18分钟即可。

产/品/特/点

做法独特
表皮劲道

 **佛卡夏面包**

[前置任务]

（1）了解佛卡夏面团的特点
（2）掌握香草面团的制作技巧

[任务介绍]

佛卡夏面包是由面粉、酵母、盐、水、迷迭香、橄榄油、橄榄、油浸番茄等组成的，富有浓郁的意大利特色，可用于制作配餐面包、三明治以及下午茶点等。

（1）了解佛卡夏面包的制作手法
（2）掌握佛卡夏面包的制作过程
（3）注意佛卡夏面包的发酵要求

[任务实施]

（1）任务实施地点：教室、西点实训室
（2）理论实训一体化任务实施时间分配
①理论讲解（40分钟）。
②原料准备（5分钟）。
③教师示范（35分钟）。
④学生按小组实训（60分钟）。
⑤评价（10分钟）。
⑥卫生（10分钟）。

[任务资料单]

佛卡夏面包制作标准

[设备用具]

烤箱1台、和面机1台、醒发箱1台、工作台1张、电子秤1台、羊毛刷1把、不锈钢盆1个。

[原料、装饰辅料]

佛卡夏面包原料配方见表2-42，佛卡夏面包装饰辅料配方见表2-43。

表2-42　佛卡夏面包原料配方

原料	烘焙百分比/ %	原料	烘焙百分比/ %
高筋面粉	100	橄榄油	3
即发性酵母	0.5	水	75
盐	2.5	迷迭香（干）	适量

表2-43　佛卡夏面包装饰辅料配方

装饰辅料	用量	装饰辅料	用量
黑橄榄（去核）	适量	橄榄油	适量
油浸番茄	适量	—	—

[制作工艺流程]

①搅拌——将高筋面粉、即发性酵母和水放入和面机里，慢速搅拌至面粉成团，再快速搅拌至面筋拓展至八成，加入橄榄油、迷迭香、盐继续慢速搅拌，直到全部添加物混合均匀，再快速搅拌至面筋完全拓展。

②分割——将面团分割成120 g/个，松弛20分钟。

③整形——将120 g面团搓成球形放入烤盘中。

④醒发——在温度为26 ℃、湿度为75%的醒发箱中，醒发至2倍体积大小，用手指按压面团排气，将面团气体排出2/3后继续醒发至八成，将黑橄榄、油浸番茄装饰在面包表面，若再撒上少许海盐会更加可口。

⑤烘烤——放入面火200 ℃、底火200 ℃的烤箱烤制20~25分钟，烤至表面金黄即可。

⑥装饰——出炉后刷上一成橄榄油即可。

产/品/特/点

富有浓郁的
意大利特色

 **任务23 夏巴塔面包**

[前置任务]

（1）了解夏巴塔面团的特点

（2）掌握夏巴塔面团的制作技巧

[任务介绍]

夏巴塔是意大利的传统面包，在意大利语中有"拖鞋"的意思，所以也叫作拖鞋面包。它是一款含水量比较高且内部气孔比较大的面包，特别适合做下午茶点和三明治食用。

（1）了解夏巴塔面包的制作手法

（2）掌握液种发酵的制作过程

（3）注意夏巴塔面团醒发时的要求

[任务实施]

（1）任务实施地点：教室、西点实训室

（2）理论实训一体化任务实施时间分配

①理论讲解（40分钟）。

②原料准备（5分钟）。

③教师示范（35分钟）。

④学生按小组实训（60分钟）。

⑤评价（10分钟）。

⑥卫生（10分钟）。

[任务资料单]

夏巴塔面包制作标准

[设备用具]

烤箱1台、和面机1台、醒发箱1台、切面刀1把、工作台1张、电子秤1台。

[原料]

夏巴塔面包原料配方见表2-44。

产/品/特/点

口味独特
造型多变

表2-44　夏巴塔面包原料配方

原料	烘焙百分比/%	原料	烘焙百分比/%
高筋面粉（A）	70	盐（B）	2
高筋面粉（B）	30	水（A）	70
即发性酵母（A）	0.3	水（B）	3
即发性酵母（B）	0.5	橄榄油（B）	8

[制作工艺流程]

液种制作：将配方中的A部分放在盆中混合均匀，放置于温暖处，观察其产生气泡后放入冰箱里冷藏，低温发酵24小时。

主面团：

①搅拌——将已放置24小时的液种和B部分原料放入和面机混合，慢速搅拌至面粉成团，再快速搅拌至面筋完全拓展。

②醒发——将打发好的夏巴塔面团放在烤盘中，在温度为26℃、湿度为75%的醒发箱中发酵，每25分钟折叠一次并用手排出大气泡，共折叠3次。最后一次折叠后醒发至2倍体积大小即可。

③整形——用切面刀切出长方形造型（根据用途制作合适的造型）后放入烤盘中。

④烘烤——放入面火230℃、底火220℃的烤箱，打蒸汽5秒，烤制25分钟左右即可。

碱水面包

[前置任务]

（1）了解碱水面团的特点

（2）掌握碱水的制作技术

（3）了解制作水含量较少面团的技术要领

[任务介绍]

碱水面包又名"布雷结"，源自德国，并且在德国享有标志性的地位。正因碱水面团含水量少，烤制之前要浸泡在碱水中，才形成了独特的风味、口感以及色泽。

（1）了解碱水面包的制作手法

（2）掌握碱水的配制比例

[任务实施]

（1）任务实施地点：教室、西点实训室

（2）理论实训一体化任务实施时间分配

①理论讲解（40分钟）。

②原料准备（5分钟）。

③教师示范（35分钟）。

④学生按小组实训（60分钟）。

⑤评价（10分钟）。

⑥卫生（10分钟）。

[任务资料单]

碱水面包制作标准

[设备用具]

烤箱1台、和面机1台、工作台1张、电子秤1台、不锈钢盆1个、保鲜膜1卷、橡胶手套1副、割口刀1把。

[原料]

碱水面包原料配方见表2-45，碱水配制原料配方见表2-46。

表2-45　碱水面包原料配方

原料	烘焙百分比/ %	原料	烘焙百分比/ %
高筋面粉	100	水	50
即发性酵母	1	黄油	20
盐	1.8	—	—

表2-46　碱水配制原料配方

原料	用量/g	原料	用量/g
烘焙碱	30	水	1 000
海盐	适量	—	—

[制作工艺流程]

①搅拌——将碱水面包原料放入和面机，慢速搅拌至面粉成团，后快速搅拌至面筋拓展、能拉出一张薄膜即可。

②分割——将面团分割成150 g/个，简单整形成长条状，松弛20分钟。

③整形——将150 g面团先搓成橄榄形，松弛5分钟，再继续搓长至90 cm，呈两头尖、中间鼓。将面团两头交叉两次后，用力按压中间鼓起部分的两边。

④醒发——用保鲜膜盖住面团放在室内醒发30分钟左右，视面团稍微膨胀一些即可。

⑤装饰——把烘焙碱按照比例与水混合均匀至无颗粒，将面团放入碱水中正面

浸泡30秒，再反面浸泡30秒，捞出放入烤盘中，用割口刀在鼓起部分割出一条长10 cm的口子，撒上海盐。

⑥烘烤——放入面火200 ℃、底火189 ℃的烤箱，烤制约15分钟即可。

啤酒面包

[前置任务]

（1）了解啤酒面包的特点
（2）掌握搓面团的制作技巧
（3）了解制作欧式面团的技术要领

[任务介绍]

啤酒面包源于德国，使用德国著名黑啤制作而成，因其独特的啤酒花风味而独树一帜，成为家喻户晓的配餐面包。
（1）了解啤酒面包的制作手法
（2）掌握啤酒面包的发酵过程
（3）掌握啤酒面包的制作过程

[任务实施]

（1）任务实施地点：教室、西点实训室
（2）理论实训一体化任务实施时间分配
①理论讲解（40分钟）。
②原料准备（5分钟）。
③教师示范（35分钟）。
④学生按小组实训（60分钟）。
⑤评价（10分钟）。
⑥卫生（10分钟）。

[任务资料单]

啤酒面包制作标准

[设备用具]

烤箱1台、和面机1台、醒发箱1台、冰箱1台、工作台1张、电子秤1台、切面刀1把、过粉筛1个、割口刀1把。

[原料]

啤酒面包原料配方见表2-47。

表2-47　啤酒面包原料配方

原料	烘焙百分比/ %	原料	烘焙百分比/ %
高筋面粉	100	鸡蛋	10
即发性酵母	1.3	可可粉	1
面包改良剂	0.5	啤酒（黑啤）	50
盐	1.5	黄油	10
白糖	15	奶粉	2
蜜枣	10	亚麻籽	10
核桃仁	10	橙皮	2

[制作工艺流程]

　　①搅拌——将原料（除亚麻籽、蜜枣、橙皮、核桃仁）放入和面机，慢速搅拌至面粉成团，再快速搅拌至面筋拓展至八成时，加入亚麻籽、蜜枣、橙皮、核桃仁慢速搅拌均匀即可（也可用手拌匀）。

　　②分割——将面团分割成200 g/个，揉圆并松弛20分钟。

③第一次醒发——放入温度28 ℃、湿度70%的醒发箱中醒发30分钟（也可用布覆其表面，常温醒发）。

④整形——将第一次醒发好的面团排气，整形成橄榄形放进醒发箱。

⑤第二次醒发——在温度为33 ℃、湿度为75%的醒发箱中，醒发至八成，用过粉筛在面包表面筛一层面粉，并用割口刀割出花纹。

⑥烘烤——烤箱温度为面火200 ℃、底火210 ℃，打蒸汽5秒，烤制20分钟左右。

任务26 黑麦面包

[前置任务]

（1）了解黑麦面团的特点
（2）掌握欧式面团的制作技巧

[任务介绍]

黑麦粉是一种蛋白质含量较高、面筋含量较低的面粉。它的膨胀度没有小麦面粉好，且组织紧密，口感粗糙。

（1）了解黑麦面包的制作手法
（2）掌握黑麦面包的制作过程
（3）注意黑麦面团的制作要求

[任务实施]

（1）任务实施地点：教室、西点实训室
（2）理论实训一体化任务实施时间分配
①理论讲解（40分钟）。
②原料准备（5分钟）。
③教师示范（35分钟）。
④学生按小组实训（60分钟）。
⑤评价（10分钟）。
⑥卫生（10分钟）。

[任务资料单]

黑麦面包制作标准

[设备用具]

烤箱1台、和面机1台、醒发箱1台、冰箱1台、工作台1张、电子秤1台、切面刀1把。

[原料]

黑麦面包老面面团原料配方见表2-48，黑麦面包主面团原料配方见表2-49。

表2-48　黑麦面包老面面团原料配方

原料	烘焙百分比/ %	原料	烘焙百分比/ %
高筋面粉	100	盐	2
即发性酵母	1	水	65

表2-49　黑麦面包主面团原料配方

原料	烘焙百分比/ %	原料	烘焙百分比/ %
黑麦面粉	65	中筋面粉	35
热开水	115	干酵母	1
老面	30	盐	2

[制作工艺流程]

　　老面制作工艺流程：将老面面团所有原料混合在一起，用和面机先低速搅拌5分钟，再高速搅拌6分钟即可（注：提前一天做好，密封冷藏）。

　　黑麦面包制作工艺流程：

　　①搅拌——将主面团中所有原料放入和面机里，慢速搅拌至面粉成团，再快速搅拌至面筋完全拓展。

　　②第一次醒发——在温度28 ℃、湿度70%的醒发箱中醒发40分钟。

　　③分割——将面团分割成300 g/个，搓成圆形，用切面刀刻出造型。在烤盘中撒上一层厚厚的面粉，把做好造型的面包收口部分向下放在烤盘中。

④第二次醒发——在温度30 ℃、湿度75%的醒发箱中醒发25分钟。

⑤整形——将醒发好的面包翻转，底部向上放入烤盘中。

⑥烘烤——烤箱温度面火250 ℃、底火240 ℃，打蒸汽5秒，烤制20分钟。

产/品/特/点

口感粗糙
健康食品

 **圣诞节面包——史多伦面包**

[前置任务]

（1）了解史多伦面包的特点
（2）掌握史多伦面包的制作技巧
（3）了解制作史多伦面包的技术要领

[任务介绍]

　　史多伦面包是圣诞节面包中的代表，它具有独特的发酵方式，含有大量被黑朗姆酒长时间腌渍过的坚果和果脯，口感和风味都十分突出。
（1）了解史多伦面包的制作手法
（2）掌握史多伦面包的制作过程
（3）注意史多伦面包的制作要求

[任务实施]

（1）任务实施地点：教室、西点实训室
（2）理论实训一体化任务实施时间分配
①理论讲解（40分钟）。
②原料准备（5分钟）。
③教师示范（35分钟）。
④学生按小组实训（60分钟）。
⑤评价（10分钟）。
⑥卫生（10分钟）。

[任务资料单]

史多伦面包制作标准

[设备用具]

　　烤箱1台、和面机1台、醒发箱1台、冰箱1台、工作台1张、电子秤1台、保鲜膜1卷、擀面杖1根、羊毛刷1把、不锈钢盆1个。

[原料、装饰辅料]

　　史多伦面包中种面团原料配方见表2-50，史多伦面包主面团原料配方见表2-51，史多伦面包装饰辅料配方见表2-52。

表2-50　史多伦面包中种面团原料配方

原料	烘焙百分比/ %	原料	烘焙百分比/ %
中筋面粉	100	鲜酵母	0.5
牛奶	60	—	—

表2-51　史多伦面包主面团原料配方

原料	烘焙百分比/ %	原料	烘焙百分比/ %
中筋面粉	100	酵母	1.5
牛奶	30	蛋黄	5
白糖	8	蜂蜜	8
黄油	25	柠檬皮碎	1.5
腌渍果脯、坚果	150	盐	1.5
即发性酵母	1	水	65

表2-52　史多伦面包装饰辅料配方

装饰辅料	用量	装饰辅料	用量
黄油	适量	糖粉	适量

[制作工艺流程]

史多伦面包中种面团制作工艺流程：将中种面团所有原料混合在一起放入和面机慢速搅拌5分钟，避免上筋。然后将面团放在不锈钢盆中，用保鲜膜密封冷藏发酵12小时。

史多伦面包制作工艺流程：

①搅拌——将主面团中的原料（除腌渍果脯、坚果）放入和面机，慢速搅拌至面粉成团，后快速搅拌至面筋拓展至八成，再将腌渍果脯、坚果放入，慢速搅拌均匀。

②第一次醒发——将面团放入温度28 ℃、湿度70%的醒发箱，醒发30分钟。

③分割——将醒发好的面团分割成250 g/个，并搓圆。

④整形——将面团擀成牛舌形，从一端向中间卷，做成一个山丘形。

⑤第二次醒发——在温度28 ℃、湿度为75%的醒发箱中，轻度醒发10分钟左右。

⑥烘烤——烤箱温度为面火210 ℃、底火170 ℃烤制20分钟左右。

⑦装饰——将黄油融化取其油脂部分，用羊毛刷刷在面包表面，迅速裹上一层糖粉即可。

产/品/特/点

突出坚果和果脯的
口感与风味

 **萨拉米比萨**

[前置任务]

（1）了解比萨面团的特点
（2）掌握比萨面饼的制作技巧
（3）掌握萨拉米比萨的制作过程

[任务介绍]

比萨相传起源于意大利，传统比萨是由比萨饼底经过轻度发酵，覆盖一层酱汁和其他肉类、蔬菜、水果等食材，搭配芝士奶酪烤制而成的。比萨具有搭配多样、营养丰富、口味多变等特点，是意大利餐食代表产品之一。

（1）了解萨拉米比萨的制作手法
（2）掌握萨拉米比萨的制作过程
（3）注意萨拉米比萨的制作要求

[任务实施]

（1）任务实施地点：教室、西点实训室
（2）理论实训一体化任务实施时间分配
①理论讲解（40分钟）。
②原料准备（5分钟）。
③教师示范（35分钟）。
④学生按小组实训（60分钟）。
⑤评价（10分钟）。
⑥卫生（10分钟）。

[任务资料单]

萨拉米比萨制作标准

[设备用具]

烤箱1台、和面机1台、醒发箱1台、冰箱1台、轮刀1把、工作台1张、电子秤1台、擀面杖1根、扎眼器1把、勺子1把。

[原料、配料]

萨拉米比萨饼底原料配方见表2-53，萨拉米比萨酱汁原料配方见表2-54，萨拉米比萨配料配方见表2-55。

表2-53 萨拉米比萨饼底原料配方

原料	烘焙百分比/%	原料	烘焙百分比/%
中筋面粉	100	水	480
即发性酵母	2	橄榄油	2
盐	2	鸡蛋	10

表2-54 萨拉米比萨酱汁原料配方

原料	用量/g	原料	用量/g
番茄膏	100	鲜番茄	80
比萨草	3	白糖	10
阿里根奴	2	黄油	适量
盐	3	—	—

表2-55 萨拉米比萨配料配方

配料	用量/g	配料	用量/g
萨拉米	200	马苏里拉芝士碎	80

[制作工艺流程]

萨拉米比萨酱汁制作工艺流程：鲜番茄洗干净后去皮去籽，剁成泥，锅内烧少许油（最好用黄油），烧热，加入剁好的番茄泥，炒香，再加入番茄膏、阿里根奴、比萨草，小火烧，慢慢收干，最后加入白糖、少许盐调味。

萨拉米比萨制作工艺流程：

①搅拌——将饼底原料放入和面机，慢速搅拌至面粉成团，再快速搅拌至面筋拓展。

②分割——将面团分割成80 g/个，松弛20分钟。

③整形——用擀面杖将面团擀成厚度约为3 mm的圆薄饼，并用扎眼器扎出许多小孔。

④醒发——在温度28 ℃、湿度75%的醒发箱中，轻度醒发8分钟。

⑤组合——抹上萨拉米比萨酱汁，撒上马苏里拉芝士碎，铺上食材。

⑥烘烤——烤箱温度面火230 ℃、底火180 ℃烤制20分钟即可。

产/品/特/点

芝士奶酪味浓
味道鲜美

夏威夷比萨

[前置任务]

（1）了解比萨面团的特点
（2）掌握比萨面饼的制作技巧
（3）掌握比萨的制作过程

[任务介绍]

夏威夷比萨是夏威夷风味的食品，是一种水果风味的比萨，由比萨饼底经过轻度发酵，覆盖一层番茄酱汁和各种水果等食材，搭配芝士奶酪烤制而成。夏威夷比萨具有搭配多样、营养丰富、口味多变等特点，是夏威夷餐食代表产品之一。

（1）了解比萨的制作手法
（2）掌握水果风味比萨的制作过程
（3）注意比萨的制作要求

[任务实施]

（1）任务实施地点：教室、西点实训室
（2）理论实训一体化任务实施时间分配
①理论讲解（40分钟）。
②原料准备（5分钟）。
③教师示范（35分钟）。
④学生按小组实训（60分钟）。
⑤评价（10分钟）。
⑥卫生（10分钟）。

[任务资料单]

夏威夷比萨制作标准

[设备用具]

烤箱1台、和面机1台、醒发箱1台、冰箱1台、轮刀1把、工作台1张、电子秤1台、刨丝器1个、擀面杖1根、扎眼器1把、勺子1把。

[原料、配料]

夏威夷比萨饼底原料配方见表2-56，夏威夷比萨酱汁原料配方见表2-57，夏威夷比萨配料配方见表2-58。

表2-56 夏威夷比萨饼底原料配方

原料	烘焙百分比/%	原料	烘焙百分比/%
中筋面粉	100	水	48
即发性酵母	2	橄榄油	2
盐	2	—	—

表2-57 夏威夷比萨酱汁原料配方

原料	用量/g	原料	用量/g
番茄膏	50	鲜番茄	80
比萨草	10	盐	3
阿里根奴	2	白糖	8
黄油	适量	—	—

表2-58 夏威夷比萨配料配方

配料	用量/g	配料	用量/g
杂果	200	马苏里拉芝士	80
圣女果	15	—	—

[制作工艺流程]

夏威夷比萨酱汁制作工艺流程：鲜番茄洗干净后去皮去籽，剁成泥，锅内烧少许油（最好用黄油），烧热，加入剁好的番茄泥，炒香，再加入番茄膏、阿里根奴、比萨草，小火烧，慢慢收干，最后加入白糖、盐调味。

夏威夷比萨制作工艺流程：

①准备——将鲜番茄切碎放入锅中炒至软烂，放入番茄膏继续炒至浓稠状，加入比萨草、黑胡椒和盐调味即可。用刨丝器将马苏里拉芝士刨成丝状。

②搅拌——将饼底原料放入和面机，慢速搅拌至面粉成团，再快速搅拌至面筋拓展。

③分割——将面团分割成80 g/个，松弛20分钟。

④整形——用擀面杖将面团擀成厚度约为3 mm的圆薄饼，并用扎眼器扎出许多小孔。

⑤醒发——在温度为28 ℃、湿度为75%的醒发箱中，轻度醒发8分钟。

⑥组合——抹上夏威夷比萨酱汁，撒上马苏里拉芝士丝，铺上食材。

⑦烘烤——烤箱温度面火230 ℃、底火180 ℃烤制20分钟即可。

产/品/特/点

芝士奶酪味浓
味道鲜美

项目 3

蛋糕制作工艺

>>>

 **任务1 蛋糕制作工艺**

1.1 蛋糕的概念、分类和特点

1）蛋糕的概念

蛋糕是西点中的基础品种。蛋糕制品一般是以鸡蛋、白砂糖、面粉和油脂为主要原料，并添加巧克力、奶制品、坚果或水果等辅料，经过搅拌形成含气泡的均匀分散的松软点心。其口感蓬松香甜、造型精致美观。

2）蛋糕分类

蛋糕的种类和花样较多，根据使用原料、搅拌方法和面糊性质等的不同，可分为海绵蛋糕、油脂蛋糕、风味蛋糕和装饰蛋糕等。

（1）海绵蛋糕

海绵蛋糕也叫清蛋糕或蛋糕坯子，是蛋糕中常用的基础坯子。海绵蛋糕用途很广，可用作各类西式奶油甜点、黄油甜点及生日蛋糕或慕斯蛋糕的坯料。目前很多蛋糕坯子会有多种颜色和口味变化，如加入抹茶粉成为抹茶蛋糕、加入可可粉成为巧克力蛋糕、加入红曲米粉成为红丝绒蛋糕等。

（2）油脂蛋糕

油脂蛋糕也叫磅蛋糕、重油蛋糕，含有较多的油脂，在欧美地区黄油用量较多，但在亚太地区改良后用植物油代替黄油。油脂蛋糕具有浓郁的香味，令人回味无穷，但热量较高，会加重肠胃负担。

油脂蛋糕的种类较多，可直接调整比例加入风味物质，如红白糖枣泥、香蕉果泥、牛油果泥、胡萝卜泥、南瓜泥、红薯泥、青豆泥或干鲜果品等。

（3）风味蛋糕

风味蛋糕是指添加了不同风味物质的蛋糕，也可以看作以上两类基础蛋糕（海绵蛋糕和油脂蛋糕）变化的另一种形式。风味蛋糕具有口感独特、造型精致、美观大方、便于携带等特点。制作时，可以利用不同的模具烤制出不同形状的蛋糕坯，然后加工成各种形状或图案的蛋糕品种。

（4）装饰蛋糕

装饰蛋糕的种类很多，普通的装饰蛋糕如奶油蛋糕、水果蛋糕、巧克力装饰蛋糕等随处可寻。而艺术造型蛋糕，制作工艺难度较大，欣赏价值高，多用于装饰橱窗、宴会、各种大型活动的布景及满足客人的特殊需求等。常见的装饰原料有奶油膏、白糖粉膏、巧克力、各种干鲜果料及水果罐头、杏仁膏、胶冻甜点、小点心等。

3）蛋糕的特点

①营养丰富。

②颜色多样。

③口味香甜。

④口感松软。

⑤造型美观。

1.2　蛋糕的制作工艺流程

1）蛋糕的选料

选料对于蛋糕制作十分重要，制作蛋糕时，应根据配方选择合适的原料，准确配用，才能保证蛋糕产品的规格、质量。以制作一般的海绵蛋糕选料为例：原料主要有鸡蛋、白糖、低筋面粉及少量油脂等，其中新鲜鸡蛋是制作海绵蛋糕的最重要条件，因为新鲜鸡蛋胶体溶液稠度高，能打进气体，保持气体性能稳定，存放时间过长的鸡蛋不宜用来制作蛋糕。制作蛋糕的面粉常选择低筋面粉，粉质要细，面筋要软，但又要有足够的筋力来承担烘焙时的胀力，为形成蛋糕特有的组织起到骨架作用。如只有高筋粉，可先进行处理，取部分高筋面粉上笼蒸熟，取出晾凉，再过筛，保持面粉没有疙瘩时才能使用，或者在高筋面粉中加入少许玉米淀粉拌匀以降低面团的筋性。制作蛋糕常选择蔗白糖，以颗粒细密、颜色洁白者为佳，如绵白糖或白糖粉，颗粒大者，往往在搅拌时间短时不易溶化，易导致蛋糕质量下降。

2）搅打鸡蛋

（1）清蛋糕的搅打鸡蛋方法

①蛋清、蛋黄分开搅打法。

蛋清、蛋黄分开搅打法的工艺过程相对复杂，其投料顺序对蛋糕品质更至关重要。通常需将蛋清、蛋黄分开搅打，所以最好准备两台搅拌机，一台搅打蛋清，另一台搅打蛋黄。一台将蛋清和白糖快速搅打至呈鸡尾状，用手蘸一下，竖起，尖略下垂为止。另一台搅打蛋黄与白糖，并将蛋清泡沫分次加入蛋黄糊中，最后加入低筋面粉拌和均匀。

②全蛋与白糖搅打法。

全蛋与白糖搅打法是将鸡蛋与白糖搅打起泡后，再加入其他原料拌和的一种方法。其制作过程是将配方中的全部鸡蛋和白糖加入搅拌机，先用慢速搅打2分钟，待白糖、鸡蛋混合均匀后，再改用快速搅打至蛋白糖呈乳白色，体积达到原来的3倍左右。最后把低筋面粉过筛，慢慢倒入已打发好的膏料中，并改用手工搅拌（或用慢速搅拌）低筋面粉，拌匀即可。

③乳化法。

乳化法是指在制作海绵蛋糕时加入乳化剂的方法。蛋糕乳化剂在国内又称为蛋糕油，能够促使泡沫及油、水形成稳定的分散体系。它的应用是对传统工艺的一种改进，尤其是降低了传统海绵蛋糕制作的难度，同时还能使制作出的海绵蛋糕中能溶入更多的水、油脂，使制品不容易老化、变硬，吃口更加滋润，所以它更适宜于批量生产。

在操作时，用传统工艺搅打蛋和白糖时，打匀后即可加入低筋面粉和蛋糕油，搅打成细腻的白色膏体后，再低速搅打，加入液体（水或牛奶）和适量的油脂搅匀即可。

④清蛋糕的蓬松原理。

清蛋糕主要利用鸡蛋、白糖搅打与低筋面粉混合制成的蓬松制品。其蓬松性主要是靠蛋清搅打的起泡作用形成的。因为蛋清是黏稠性的胶体，具有很强的起泡性，当蛋液受到快速而连续的搅拌时，空气充入蛋液内部，形成细小的气泡。这些气泡均匀地填充在蛋液内，当制品受热膨胀时，凭借蛋液胶体物质的韧性使其不至于破裂，直至蛋糕内部气体膨胀到蛋糕凝固为止，烘烤中的蛋糕体积因此膨大。蛋清保持气体的最佳状态是呈现最大体积之前产生的，所以，过分搅打蛋清会破坏蛋清的韧性，使蛋液保持气体的能力下降。蛋黄虽然起泡性只有蛋清的四分之一，也没有类似蛋清的胶体物质，无法保留空气，无法打发，但蛋黄与白糖和蛋清一起搅打易使蛋清形成黏稠的乳液状，有助于保存搅打充入的气体。

（2）油脂蛋糕的搅打鸡蛋方法

①白糖、油搅打法。

首先，将油脂与白糖一起搅打成淡黄色、蓬松而细腻的膏状。其次，将蛋液呈缓缓细流分次加入上述油脂与白糖的混合物中，每次都要充分搅拌均匀。最后，将筛过的低筋面粉轻轻混入浆料中，混匀即可。

②粉、油搅打法。

首先，将油脂与低筋面粉一起搅打成蓬松的膏状。其次，将白糖与蛋搅打起发呈泡沫状。再次，将白糖、蛋混合物分次加入油脂与低筋面粉的混合物中，每次都要搅打均匀。然后，将剩余的低筋面粉加入浆料中，混合至光滑、无团块为止。最后，加入液体（牛奶和水）、果干、果仁、果脯等，混匀即可。

③混合搅打法。

首先，将所有的干性原料包括低筋面粉、奶粉、泡打粉或其他干性粉状物料一起过筛。其次，将过筛后的干性原料与油脂一起搅拌混合至呈面包渣状为止，注意不要过分搅拌成糊状。再次，将所有湿性原料包括蛋液、水（或牛奶）等混合在一起。最后，边搅拌边将混合液呈缓缓细流状逐渐加入干性原料与油脂的混合物中，搅拌成无团块、光滑的浆料为止。

④白糖油—白糖蛋搅拌法。

该法是将白糖分为两部分：一部分白糖与油脂一起搅打，另一部分白糖与鸡蛋一起搅打。首先，将油脂与一半白糖打发。其次，将另一半白糖与鸡蛋一起打发，再加入一半低筋面粉混匀。最后，将另一半低筋面粉与白糖蛋交替加入打发的白糖和油脂的混合物中，并用慢速搅拌均匀。

制作过程中，操作机器应注意：凡属于搅打的操作宜用中速；凡属于原料混合的操作宜用慢速；同时要随时将黏附在桶边、桶底和搅拌头上的糊料刮下，让其参与搅拌，使整个糊料体系均匀。

以上四种方法中以粉、油搅打法及白糖油—白糖蛋搅打法制成的蛋糕质量最好，但操作过程稍复杂。混合搅打法操作较简便，适用于机器生产。白糖、油搅打法是一种传统的油脂蛋糕制作方法，既适用于机器生产，也适用于手工制作。

⑤油脂蛋糕的蓬松原理。

制作油脂蛋糕时，白糖和油脂在搅打的过程中可以搅入大量的空气，并产生气泡，适量加入化学添加剂能弥补物理起泡的不足，效果会更好。继续加入鸡蛋连续搅打时，由于鸡蛋也具有起泡性，所以油脂蛋糕面糊的气泡会增多、体积会继续增大。这些气泡在制品烘烤时受热急剧膨胀，使蛋糕体积增大、质地松软。所以在制作油脂蛋糕的过程中，不同的油脂做出的蛋糕质量不尽相同。

3）拌低筋面粉

拌低筋面粉是搅打鸡蛋后的一道工序。制作时先将低筋面粉过筛，然后均匀加入蛋浆或油浆中。在拌入低筋面粉的过程中，搅打速度宜采用中速，搅打时间不宜过长，以搅拌至见不到生低筋面粉为止，防止低筋面粉"上劲"。也可根据配方，加入部分熟低筋面粉或玉米淀粉，减少面筋的拉力，使蛋糕制品蓬松。

4）灌模成型

蛋糕原料搅打均匀后，一般应立即灌模放入烤箱烘烤。全蛋与白糖打发时间应控制好在15分钟之内，乳化法则可适当延长时间。蛋糕的形状是由模具的形状来决定的。

蛋糕糊灌模的要求：

为了使烘烤的蛋糕很容易地从模具中取出，避免蛋糕黏附在烤盘或模具上，在面糊装模前必须充分清洁模具，还要在模具四周及底部铺上一层干净的油纸，在油纸上均匀地涂上一层油脂。如能在油脂上撒一层低筋面粉则效果更佳。

蛋糕依据打发的蓬松度和蛋、白糖、低筋面粉的比例不同，一般以填充模具的七八成满为宜。在实际操作中，已烤好的蛋糕刚好充满烤盘，不溢出边缘，顶部不凸出，这时装模面糊容量就恰到好处。如装的量太多，烘烤后的蛋糕膨胀溢出，影响制品美观，造成浪费。相反，如装的量太少，在烘烤过程中由于水分过多地挥发会降低蛋糕的松软性。

5）成熟—烘烤

正确设定蛋糕烘烤的温度和时间。烘烤温度对所烤蛋糕的质量影响很大。烤制温度太低，烤出的蛋糕顶部会下陷，内部较粗糙；烤制温度太高，则蛋糕顶部隆起，中央部分容易裂开，四周向里收缩，糕体较硬。通常烤制温度以180～220 ℃为佳。烘烤时间对所烤蛋糕的质量影响也很大。正常情况下，烤制时间为20分钟左右。如时间过短，则内部发黏不熟；如时间过长，则易干燥，四周硬脆。烘烤时间应依据制品的大小和厚薄来决定，同时可依据配方中白糖的含量进行灵活调节。含白糖量高，则温度稍低，时间长；含白糖量低，则温度稍高，时间短。

6）冷却脱模

取出前，应鉴别蛋糕成熟与否，如观察蛋糕表面的颜色，以判断生熟度。或用手在蛋糕上轻轻一按，松手后若可复原，表示已烤熟，若不能复原，则表示还没有烤熟。还有一种更直接的办法，即用一根细的、稍粗糙的竹签插入蛋糕中心，然后拔出，若竹签上很光滑，没有蛋糊，表示蛋糕已熟透，若竹签上粘有蛋糊，则表示蛋糕还没熟。如没有熟透，需继续烘烤，直到烤熟为止。

如检验蛋糕已熟透，则可以从烤箱中取出，从模具中取出，将蛋糕立即翻过来，放在蛋糕架上，使正面朝下，充分冷透，然后再加工包装。蛋糕冷却有两种方法：一种是自然冷却，冷却时应减少制品搬动，制品与制品之间应保持一定的距离，不宜叠放；另一种是风冷，吹风时不应直接吹，防止制品表面结皮。

7）裱花装饰

蛋糕冷却后，根据需要选用适当的装饰辅料对蛋糕制品进行美化加工。所需要的装饰辅料和馅料应提前准备好。

8）包装储存

为了保持制品的新鲜度，可将蛋糕放在2～10 ℃的冰箱里冷藏。需要出品时可以采用制作精美的纸盒或塑料盒包装。

1.3　蛋糕的质量标准

蛋糕的质量标准：

①颜色。制品表面呈均匀的金黄色或褐色，内部组织也是淡黄色。

②口味。松软可口、有蛋香味、甜度适中。

③形状。制品有细密均匀的小孔，无塌陷或大起伏，厚薄均匀、外观完整。

④内部组织。蛋糕蓬松适中、气孔均匀而富有弹性，内部无粘连、无杂质和异味。

⑤卫生。操作时保证案台、容器的干净，制品内外都无杂质和异味，妥善存放。

海绵蛋糕

[前置任务]

了解海绵蛋糕的特点、原料特性和制作工艺。

[任务介绍]

海绵蛋糕作为基础的蛋糕坯料，是学习蛋糕制作的入门基础品种。
（1）了解海绵蛋糕的制作过程
（2）掌握蛋糕制作的工艺方法——乳化法

[任务实施]

（1）任务实施地点：教室、西点实训室
（2）理论实训一体化任务实施时间分配
①理论讲解（40分钟）。
②原料准备（5分钟）。
③教师示范（35分钟）。
④学生按小组实训（60分钟）。
⑤评价（10分钟）。
⑥卫生（10分钟）。

[任务资料单]

海绵蛋糕制作标准

[设备工具]

烤箱1台、搅拌机1台、工作台1张、蛋糕晾网架3个、电子秤1台、软刮刀7把、大刮刀3把、面筛3个、烤盘纸7张、烤盘7个、锯齿刀7把、抹刀7把、搅拌盆7个、码碗7个。

[原料]

海绵蛋糕制作原料配方见表3-1。

表3-1　海绵蛋糕原料配方

原料	用量/g
鸡蛋	1 000
白糖	500
低筋面粉	500
蛋糕油	20
牛奶	200
色拉油	200

[制作工艺流程]

①糖化：鸡蛋中加入白糖快速搅打2分钟至白糖完全溶化。

②搅打：将过筛的低筋面粉和蛋糕油加入搅拌缸，先低速后高速搅打至完全乳化，体积胀大到原来的3倍。搅打过程中慢慢加入牛奶，打至呈白色细腻的膏状体，最后加入色拉油，低速搅打和匀。

③装盘：将面糊倒入铺好烤盘纸的烤盘，刮平、抹平，并震荡。

④烘焙：放入面火200 ℃、底火180 ℃的烤箱，烘烤25～30分钟。

⑤冷却：置于蛋糕晾网架上冷却后食用或作为半成品使用。

[注意事项]

★尽量选用细砂白糖而且要打至完全糖化。

★粉类原料加入要先低速搅打，因为高速搅打会将粉类原料吹散到四周。

★色拉油有消泡功能，要最后加入并用低速搅打。

★液体（牛奶或水）可以调节干稀度，可根据自己所要坯料软硬度适量增减。

★搅打蛋糕过程中，每次换挡时必须先停机再换挡。

[变化品种]

枣泥蛋糕、香蕉蛋糕、红糖蛋糕等。

 **任务3 水果奶油蛋糕**

[前置任务]

（1）了解水果奶油蛋糕的特点、原料特性、制作工艺和装饰工艺
（2）在制作海绵蛋糕的基础上，掌握奶油打发工艺，并可以对海绵蛋糕坯进行装饰美化

[任务介绍]

学生掌握海绵蛋糕制作的基础上，掌握海绵蛋糕的变化品种——装饰类蛋糕的制作。

[任务实施]

（1）任务实施地点：教室、西点实训室
（2）理论实训一体化任务实施时间分配
①理论讲解（40分钟）。
②原料准备（5分钟）。
③教师示范（35分钟）。
④学生按小组实训（60分钟）。
⑤评价（10分钟）。
⑥卫生（10分钟）。

[任务资料单]

水果奶油蛋糕制作标准

[设备工具]

烤箱1台、搅拌机1台、工作台1张、蛋糕晾网架3个、电子秤1台、软刮刀7把、大刮刀3把、面筛3个、烤盘纸7张、烤盘7个、锯齿刀3把、抹刀7把、搅拌盆7个、码碗7个、案板1张、刀7把。

[原料]

水果奶油蛋糕原料配方见表3-2。

表3-2　水果奶油蛋糕原料配方

原料	用量
鸡蛋	1 000 g
白糖	500 g
低筋面粉	475 g
蛋糕油	20 g
牛奶	200 g
色拉油	200 g
植脂奶油	1 L
草莓	6颗
猕猴桃	250 g
青枣	1罐

[制作工艺流程]

①糖化：鸡蛋中加入白糖，快速搅打2分钟至白糖完全溶化。

②搅打：将过筛的低筋面粉和蛋糕油加入搅拌缸，先低速后高速搅打至完全乳化，体积胀大到原来的3倍。搅打过程中慢慢加入牛奶，打至呈白色细腻的膏状体，最后加入色拉油，低速和匀。

③装盘：将面糊倒入铺好烤盘纸的烤盘，刮平、抹平，并震荡。

④烘焙：放入面火200 ℃、底火180 ℃的烤箱，烘烤25～30分钟即可。

⑤冷却：置于蛋糕晾网架上冷却后食用或作为半成品使用。

⑥装饰：将植脂奶油打发后均匀抹在晾冷的蛋糕表面，草莓、猕猴桃、青枣简单处理后装饰于蛋糕表面。

产品特点

松软香甜
果香味足

[注意事项]

★尽量选用细砂白糖而且要打至完全糖化。

★加入粉类原料要先低速搅打，因为高速搅打会将粉类原料吹散到四周。

★尽量选用新鲜的时令水果，水果用时再切，以免褐变，色彩搭配要合理。

★奶油要充分解冻，打发至呈鸡尾钩状，细腻均匀。

斑马蛋糕

[前置任务]

（1）复习蛋糕制作方法之一的全蛋打法
（2）了解斑马蛋糕的制作工艺和装饰工艺

[任务介绍]

学生在掌握海绵蛋糕制作的基础上，掌握海绵蛋糕的变化品种——斑马蛋糕的装饰制作。

[任务实施]

（1）任务实施地点：教室、西点实训室
（2）理论实训一体化任务实施时间分配
①理论讲解（40分钟）。
②原料准备（5分钟）。
③教师示范（35分钟）。
④学生按小组实训（60分钟）。
⑤评价（10分钟）。
⑥卫生（10分钟）。

[任务资料单]

斑马蛋糕制作标准

[设备工具]

烤箱1台、搅拌机1台、工作台1张、蛋糕晾网架3个、电子秤1台、软刮刀7把、大刮刀3把、面筛3个、烤盘纸7张、烤盘7个、锯齿刀7把、抹刀7把、搅拌盆7个、码碗7个、裱花袋7只、剪刀3把、牙签若干。

[原料]

斑马蛋糕原料配方见表3-3。

表3-3 斑马蛋糕原料配方

原料	用量/g
鸡蛋	1 000
白糖	500
低筋面粉	475
蛋糕油	20
牛奶	200
色拉油	200
可可粉	5

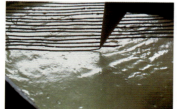

[制作工艺流程]

①糖化：鸡蛋中加入白糖快速搅打2分钟至白糖完全溶化。

②搅打：将过筛的低筋面粉和蛋糕油加入搅拌缸，先低速后高速搅打至完全乳化，体积胀大到原来的3倍。搅打过程中慢慢加入牛奶，打至呈白色细腻的膏状体，最后加入色拉油，低速和匀。

③调可可糊：取原味面糊少许，加入可可粉调制成可可糊，装入裱花袋备用。

④装盘：将剩余的白色面糊倒入烤盘，抹平，

产/品/特/点

口感香甜
松软多孔
造型美观
形似斑马纹

在面糊表面用可可糊勾勒花纹并震荡。

⑤烘焙：放入面火200 ℃、底火180 ℃的烤箱，烘烤25～30分钟。

⑥冷却：待晾凉后，均匀切片摆放。

[注意事项]

★表面装饰若没有可可粉可用溶化的黑巧克力代替。

★调制的可可糊不能太干，若太干可加水调节。

★勾勒花纹时，挤可可糊要用力均匀，保持花纹美观一致。

 **大理石蛋糕**

[前置任务]

（1）复习蛋糕制作方法之一的全蛋打法
（2）了解大理石蛋糕的制作工艺和装饰工艺

[任务介绍]

学生在掌握海绵蛋糕制作的基础上，掌握海绵蛋糕的变化品种，通过对面糊内部进行装饰，使蛋糕的横切面呈现漂亮的纹路，达到美化蛋糕的效果。可可糊特殊的口感，增加了蛋糕的风味。

[任务实施]

（1）任务实施地点：教室、西点实训室
（2）理论实训一体化任务实施时间分配
①理论讲解（40分钟）。
②原料准备（5分钟）。
③教师示范（35分钟）。
④学生按小组实训（60分钟）。
⑤评价（10分钟）。
⑥卫生（10分钟）。

[任务资料单]

大理石蛋糕制作标准

[设备工具]

烤箱1台、搅拌机1台、工作台1张、蛋糕晾网架3个、电子秤1台、软刮刀7把、大刮刀3把、面筛3个、烤盘纸7张、蛋糕模具7个、锯齿刀7把、抹刀7把、裱花袋7只、搅拌盆7个、码碗7个。

[原料]

大理石蛋糕原料配方见表3-4。

表3-4　大理石蛋糕原料配方

原料	用量/g
鸡蛋	1 000
白糖	500
低筋面粉	470
蛋糕油	20
牛奶	200
色拉油	200
可可粉	50

[制作工艺流程]

①糖化：鸡蛋中加入白糖，快速搅打2分钟至白糖完全溶化。

②搅打：将过筛的低筋面粉和蛋糕油加入搅拌缸，先低速后高速搅打至完全乳化，体积胀大到原来的3倍。搅打过程中慢慢加入牛奶，打至呈白色细腻的膏状体，最后加入色拉油，低速和匀。

③调可可糊：取原味面糊一半，加入可可粉调制成

可可糊，装入裱花袋备用，另一半白色面糊装入裱花袋备用。

④装模：模具刷油或撒面粉，将黑白面糊交替挤注至八分满并震荡。

⑤烘焙：放入面火200 ℃、底火180 ℃的烤箱，烘烤25～30分钟。

⑥冷却：待晾凉后切开，露出黑白相间的内部纹路。

[注意事项]

★ 表面装饰若没有可可粉可用融化的黑巧克力代替。

★ 调制的可可糊不能太干，若太干可加水调节。

★ 装在不同的模具最后成品效果不一样。

任务6 巧克力蛋糕卷

[前置任务]

（1）复习蛋糕制作方法之一的全蛋打法
（2）了解巧克力蛋糕卷的制作工艺和注意事项

[任务介绍]

掌握巧克力蛋糕卷的制作工艺。

[任务实施]

（1）任务实施地点：教室、西点实训室
（2）理论实训一体化任务实施时间分配
①理论讲解（40分钟）。
②原料准备（5分钟）。
③教师示范（35分钟）。
④学生按小组实训（60分钟）。
⑤评价（10分钟）。
⑥卫生（10分钟）。

[任务资料单]

巧克力蛋糕卷制作标准

[设备工具]

烤箱1台、搅拌机1台、工作台1张、蛋糕晾网架3个、电子秤1台、软刮刀7把、大刮刀3把、面筛3个、烤盘纸7张、烤盘7个、锯齿刀7把、抹刀7把、搅拌盆7个、码碗7个。

[原料]

巧克力蛋糕卷原料配方见表3-5。

表3-5 巧克力蛋糕卷原料配方

原料	用量/g
鸡蛋	1 000
白糖	500
低筋面粉	400
蛋糕油	40
牛奶	150
色拉油	200
玉米淀粉	50
巧克力	100
可可粉	20

[制作工艺流程]

①糖化：鸡蛋中加入白糖，快速搅打2分钟至白糖完全溶化。

②搅打：将过筛的低筋面粉、玉米淀粉、可可粉以及蛋糕油加入搅拌缸，先低速后高速搅打至完全乳化，体积胀大到原来的3倍。搅打过程中慢慢加入牛奶，打至呈白色细腻的膏状体，最后加入融化的巧克力和色拉油和匀。

③装盘：将面糊倒入铺好烤盘纸的烤盘后烘烤。

④烘焙：放入面火220 ℃、底火150 ℃的烤箱，烘烤15～20分钟。

⑤成型：在晾好的蛋糕均匀抹上打发的植脂奶油，先用锯齿刀切去部分边角料，一手稍提木棒压紧再抓住卷纸，一手卷动蛋糕，配合前行直至成卷，切片成型。

产/品/特/点

口感香甜
松软多孔
巧克力风味浓郁

[注意事项]

★ 造型时要看保留哪一面，正卷要注意皮的完整性。

★ 卷制过程中要卷紧，左右相互配合，动作流畅协调。

★ 卷制定型约5分钟后再加工。

[变化品种]

巧克力蛋糕，蛋糕坯冷却后用锯齿刀切成块即可。

任务7 瑞士卷

[前置任务]

（1）复习蛋糕制作方法之一的全蛋打法
（2）了解瑞士卷的制作工艺和成型工艺

[任务介绍]

掌握瑞士卷制作的同时掌握正卷和反卷的制作方法及注意事项。

[任务实施]

（1）任务实施地点：教室、西点实训室
（2）理论实训一体化任务实施时间分配
①理论讲解（40分钟）。
②原料准备（5分钟）。
③教师示范（35分钟）。
④学生按小组实训（60分钟）。
⑤评价（10分钟）。
⑥卫生（10分钟）。

[任务资料单]

瑞士卷制作标准

[设备工具]

烤箱1台、搅拌机1台、工作台1张、蛋糕晾网架3个、电子秤1台、软刮刀7把、大刮刀3把、面筛3个、烤盘纸7张、不粘布7张、长小圆木棒7根、锯齿刀7把、抹刀7把、搅拌盆7个、码碗7个。

[原料]

瑞士卷制作原料配方见表3-6。

表3-6　瑞士卷原料配方

原料	用量/g
鸡蛋	1 000
白糖	500
低筋面粉	450
泡打粉	10
蛋糕油	20
牛奶	200
色拉油	200
果酱	100

[制作工艺流程]

①糖化：鸡蛋中加入白糖，快速搅打2分钟至白糖完全溶化。

②搅打：将过筛的低筋面粉、泡打粉和蛋糕油加入搅拌缸，先低速后高速搅打至完全乳化，体积胀大到原来的3倍。搅打过程中慢慢加入牛奶，打至呈白色细腻的膏状体，最后加入色拉油和匀。

③装盘：将面糊倒入铺好烤盘纸的烤盘后烘烤。

④烘焙：放入面火220 ℃、底火150 ℃的烤箱，烘烤15～20分钟。

⑤成型：在晾好的蛋糕表面均匀抹上果酱，先用锯齿刀切去部分边角料，一手稍提木棒压紧再抓住卷纸，一手卷动蛋糕，配合前行直至成卷。

⑥可以制作正卷和反卷。

[注意事项]

★ 卷制前稍稍修边，方便后面卷制。
★ 卷制过程中要卷紧，左右相互配合，动作流畅协调。
★ 卷制定型约5分钟后再切蛋糕。

产/品/特/点

口感香甜
松软多孔
酸甜可口

[变化品种]

抹茶瑞士卷、可可瑞士卷、红丝绒瑞士卷等等。

黑森林蛋糕

[前置任务]

了解黑森林蛋糕的故事，掌握黑森林蛋糕的制作工艺和装饰工艺。

黑森林蛋糕（Schwarzwaelder Kirschtorte）是德国著名甜点，制作原料主要有脆饼面团底托、鲜奶油、樱桃酒等，是受德国法律保护的甜点之一，具体到樱桃放的量都有法律上的规定。德语"Schwarzwaelder"即黑森林。它融合了樱桃的酸、奶油的甜、巧克力的苦、樱桃酒的醇香。黑森林蛋糕20世纪30年代起源于德国，后逐渐成为全世界最著名和最受欢迎的蛋糕之一。完美的黑森林蛋糕经得起各种口味的挑剔，黑森林蛋糕被看作黑森林的特产之一。相传，每当樱桃丰收时，农妇们除了将过剩的樱桃制成果酱外，在做蛋糕时，也会大方地将樱桃塞在蛋糕的夹层里，或是作为装饰细心地点缀在蛋糕表面。而在打制蛋糕的鲜奶油时，更会加入大量樱桃汁。制作蛋糕坯时，面糊中也会加入樱桃汁和樱桃酒。这种以樱桃与鲜奶油为主的蛋糕从黑森林传到外地后，也就变成所谓的黑森林蛋糕了。

[任务介绍]

掌握黑森林蛋糕的制作方法、装饰工艺和口味特点。

[任务实施]

（1）任务实施地点：教室、西点实训室
（2）理论实训一体化任务实施时间分配
①理论讲解（40分钟）。
②原料准备（5分钟）。
③教师示范（35分钟）。
④学生按小组实训（60分钟）。
⑤评价（10分钟）。
⑥卫生（10分钟）。

[任务资料单]

黑森林蛋糕制作标准

[设备工具]

烤箱1台、搅拌机1台、工作台1张、电子秤1台、软刮刀7把、面筛3个、烤盘纸7张、烤盘7个、六寸模具7个、转台1个、裱花嘴7个、裱花袋7只、锯齿刀7把、抹刀7把。

[原料]

黑森林蛋糕原料配方见表3-7。

表3-7 黑森林蛋糕原料配方

原料		用量
蛋糕坯	白糖	1 000 g
	鸡蛋	1 500 g
	低筋面粉	500 g
	蛋糕油	50 g
	牛奶	150 g
	黄油	300 g
	可可粉	100 g
	巧克力	100 g
装饰部分	黑樱桃	8颗
	樱桃酒	50 g
	咖啡力娇酒	50 mL
	巧克力碎	50 g
	奶油	300 g

[制作工艺流程]

①糖化：鸡蛋加入白糖，快速搅打2分钟至白糖完全溶化。

②搅打：将过筛的低筋面粉、可可粉和蛋糕油加入搅拌缸，先低速后高速搅打至完全乳化，体积胀大到原来的3倍。搅打过程中慢慢加入牛奶，打至呈白色细腻的膏状体，最后加入融化的巧克力和黄油和匀。

③装盘：将面糊倒入刷油的模具至八分满后烘烤。

④烘焙：放入面火200 ℃、底火180 ℃的烤箱，烘烤20～30分钟。

⑤成型：将晾好的蛋糕用锯齿刀均匀切割成三片后备用。

⑥装饰：将切好的三片蛋糕，刷上樱桃酒和咖啡力娇酒，中间夹层部分抹上夹有黑樱桃的奶油，将巧克力碎均匀地撒在蛋糕表面和四周，然后用黑樱桃装饰。

[注意事项]

★ 面糊装入模具约八分满，以防溢出。
★ 切蛋糕坯要厚薄均匀。

任务9　戚风蛋糕

[前置任务]

了解戚风蛋糕的制作特点。

[任务介绍]

初步了解戚风蛋糕的制作过程。

[任务实施]

（1）任务实施地点：教室、西点实训室
（2）理论实训一体化任务实施时间分配
①理论讲解（40分钟）。
②原料准备（5分钟）。
③教师示范（35分钟）。
④学生按小组实训（60分钟）。
⑤评价（10分钟）。
⑥卫生（10分钟）。

[任务资料单]

戚风蛋糕制作标准

[设备用具]

搅拌机1台、烤箱1台、工作台1张、电子秤1台、烤盘纸1张、烤盘1个、羊毛刷1把、低筋面粉筛1个、模具1个、软刮刀1把。

[原料]

戚风蛋糕原料配方见表3-8。

表3-8　戚风蛋糕原料配方

原料	用量/g
鸡蛋	500
白糖	350
低筋面粉	200
泡打粉	3
塔塔粉	5
水	100
色拉油	80

[制作工艺流程]

①预热：烤箱预热至170 ℃（或面火175 ℃、底火160 ℃），在烤盘上铺好烤盘纸，再放好模具备用。

②分蛋：将鸡蛋分成蛋黄、蛋清备用。

③蛋清部分：将蛋清放入搅拌缸内，再加入塔塔粉、300克白糖，白糖最好分两次加入，第一次加入白糖搅打至蛋清微白后，再第二次加入白糖搅打至中性发泡，蛋清部分呈鸡尾状态。

④蛋黄部分：将水、色拉油、50克白糖、泡打粉放入搅拌缸，搅拌均匀后加入过筛的低筋面粉，搅拌均匀，最后加入蛋黄，拌匀拌透即可。

⑤混合：将1/3蛋清部分倒入蛋黄中，搅拌均匀后再倒进剩余的2/3蛋清部分中，拌

匀即可，然后装入备用的模具内，并顺势抹平，放进烤箱烘烤。

⑥烘焙：面火180 ℃、底火160 ℃烤约40分钟，至蛋糕完全熟透取出，趁热覆在案板上，冷却后即可使用。

[注意事项]

★ 粉要过筛，不要过度搅拌避免"上劲"。

★ 搅拌缸必须洗干净，不能有油和水。

★ 烤箱要提前预热，烘烤过程中不要打开烤箱；否则蛋糕坯体会塌陷。

产/品/特/点

色泽金黄
口感细腻
气孔均匀细腻

任务10 红丝绒蛋糕

[前置任务]

了解红丝绒蛋糕的特点。

红丝绒蛋糕（Red Velvet Cake）是一款甜点，制作原料主要有低筋面粉、鸡蛋、红曲粉、奶油等，冷却后涂上奶油奶酪、奶油霜。红丝绒蛋糕的起源众说纷纭，富有戏剧性的说法是其起源于纽约的Waldorf-Astoria酒店。约1959年，一位女客人在酒店用餐，享用了红丝绒蛋糕，她对蛋糕非常感兴趣，于是向酒店索要蛋糕师的名字以及蛋糕配方，酒店满足了她的要求。之后，她收到了一份高额账单，原来酒店并不是无偿告知蛋糕配方，这位女客人一怒之下，向全社会公布了红丝绒蛋糕的配方，从此红丝绒蛋糕闻名全世界。最初的红丝绒蛋糕为了调色用的是从甜菜根中提取的红色素，但因为其着色的不稳定性和加工的复杂性而成品效果不理想。最后发现中国的红曲米粉着色能力和成品效果都十分理想。

[任务介绍]

初步了解红丝绒蛋糕的制作过程。

[任务实施]

（1）任务实施地点：教室、西点实训室
（2）理论实训一体化任务实施时间分配
①理论讲解（40分钟）。
②原料准备（5分钟）。
③教师示范（35分钟）。
④学生按小组实训（60分钟）。
⑤评价（10分钟）。
⑥卫生（10分钟）。

[任务资料单]

红丝绒蛋糕制作标准

[设备工具]

烤箱1台、烤盘7个、工作台1张、电子秤1台、软刮刀7把、面筛3个、烤盘纸7张、六寸模具7个、转台1个、裱花嘴7个、裱花袋7只、锯齿刀7把、抹刀7把。

[原料配方]

红丝绒蛋糕原料配方见表3-9。

表3-9 红丝绒蛋糕原料配方

原料		用量
蛋黄部分	牛奶	75 g
	色拉油	70 g
	白糖	12 g
	低筋粉	52 g
	鹰粟粉	10 g
	红曲米粉	28 g
	蛋黄	155 g
蛋清部分	蛋清	275 g
	盐	0.8 g
	柠檬汁	5 g
	白糖	100 g
装饰部分	植脂奶油	250 g
	新鲜草莓	8颗
	红丝绒蛋糕屑	50 g

[制作工艺流程]

①蛋黄部分：将牛奶、色拉油和白糖搅拌均匀，慢速搅拌至白糖溶化；慢慢加入过筛的红曲米粉搅拌至无颗粒状态，低筋面粉和鹰粟粉过筛后加入，搅拌均匀，不要过度搅拌；待用。

②蛋清部分：将蛋清快速打发，白糖分三次加

入，再加入盐和柠檬汁混合均匀，打发至中性发泡，呈鸡尾钩状。

③混合：将蛋清分两次加入蛋黄部分，第一次加1/3的蛋清拌匀后加入剩余的蛋清，拌匀入模后进行震荡排气。

④烘焙：放入面火165 ℃、底火165 ℃的烤箱（烤箱提前预热），烤25～30分钟后取出，震荡模具。

⑤装饰：待蛋糕晾凉后用锯齿刀平均分成三片，分别抹上打发的植脂奶油，按生日蛋糕的方法制作，最后在抹好的蛋糕表面撒上烤干并碾细的红丝绒蛋糕屑，蛋糕表面用奶油围边，放上新鲜草莓或时令水果装饰即可。

产/品/特/点

香甜可口
红白相间
端庄大气

[注意事项] ·

★ 干粉要过筛，不要过度搅拌避免"上劲"。

★ 蛋清和植脂奶油打发至呈鸡尾钩状。

★ 烤箱要提前预热，中途不要打开烤箱。

任务11 天使蛋糕

[前置任务]

掌握蛋糕制作方法的蛋清、蛋黄分开搅打法，了解天使蛋糕的制作工艺和成型工艺。

天使蛋糕（Angel Cake）是由硬性发泡的鸡蛋清、白糖和低筋面粉制成的，与其他蛋糕不同，因其棉花般的质地和颜色，不含动物油脂，十分清爽。

天使蛋糕于19世纪在美国开始流行，与巧克力恶魔蛋糕（Chocolate Devil's Cake）是相对的，两者是完全不同类型的蛋糕。当时由于发明了发粉（Baking Powder），因此有许多新发明的蛋糕，天使蛋糕和巧克力恶魔蛋糕就是同时期出现的，后者以巧克力、牛油为主料。

制作天使蛋糕首先要将鸡蛋清打至硬性发泡，然后用轻巧的翻折手法拌入其他材料。天使蛋糕不含动物油脂，因此口味和材质都非常轻盈。天使蛋糕很难用刀子切开，因为刀子很容易把蛋糕压下去，所以人们通常使用叉子、锯齿刀或特殊的切具。

天使蛋糕需要专门的模具，通常是一个高且深、中间有筒的容器。天使蛋糕烤好后，要倒置放凉以保持体积。

[任务介绍]

在掌握天使蛋糕制作的同时掌握卷蛋糕的制作方法及注意事项。

[任务实施]

（1）任务实施地点：教室、西点实训室
（2）理论实训一体化任务实施时间分配
①理论讲解（40分钟）。
②原料准备（5分钟）。
③教师示范（35分钟）。
④学生按小组实训（60分钟）。
⑤评价（10分钟）。
⑥卫生（10分钟）。

[任务资料单]

天使蛋糕制作标准

[设备工具]

烤箱1台、烤盘7个、工作台1张、电子秤1台、软刮刀7把、面筛3个、烤盘纸7张、转台1个、锯齿刀7把、抹刀7把。

[原料]

天使蛋糕原料配方见表3-10。

表3-10 天使蛋糕原料配方

原料		用量
蛋糕部分	蛋清	500 g
	低筋面粉	188 g
	香草粉	2 g
	白糖	188 g
	塔塔粉	5 g
	色拉油	100 g
	纯牛奶	138 g
夹馅部分	植脂奶油	1盒

[制作工艺流程]

①打发：将蛋清、白糖、塔塔粉、香草粉快速搅打至呈鸡尾钩状。

②搅拌：慢慢加入过筛的低筋面粉搅拌均匀，不要过度搅拌，然后加入纯牛奶调节面糊浓稠度，最后加入色拉油，混合均匀后倒入烤盘并刮平。

③烘焙：放入面火220 ℃、底火150 ℃的烤箱，烤制20分钟后取出，震荡模具。

④整形：待蛋糕完全晾凉后，将植脂奶油打发，均匀抹在蛋糕表面作为黏合剂，然后卷起。

⑤分割：将卷好的天使蛋糕均匀分割。

产/品/特/点

颜色纯白
口味香甜
造型精致

[注意事项]

★ 蛋清部分制作无须上色，注意温度的把控。

★ 蛋清要打发至呈鸡尾钩状。

★ 烤箱要提前预热，卷蛋糕时要注意用力均匀，充分卷紧。

虎皮蛋糕

[前置任务]

掌握虎皮蛋糕的制作方法、制作原理和制作工艺。

[任务介绍]

在掌握虎皮蛋糕制作的同时掌握虎皮蛋糕的原料特性及注意事项。

[任务实施]

（1）任务实施地点：教室、西点实训室
（2）理论实训一体化任务实施时间分配
①理论讲解（40分钟）。
②原料准备（5分钟）。
③教师示范（35分钟）。
④学生按小组实训（60分钟）。
⑤评价（10分钟）。
⑥卫生（10分钟）。

[任务资料单]

虎皮蛋糕制作标准

[设备工具]

烤箱1台、烤盘7个、工作台1张、电子秤1台、软刮刀7把、面筛3个、烤盘纸7张、转台1个、锯齿刀7把、抹刀7把。

[原料]

虎皮蛋糕原料配方见表3-11。

表3-11 虎皮蛋糕原料配方

原料		用量
虎皮部分	玉米淀粉	8 g
	色拉油	10 g
	细砂白糖	150 g
	低筋面粉	50 g
	盐	5 g
	蛋黄	400 g
蛋糕卷部分	制作好的瑞士卷	1根
馅	奶油	500 mL
	浓缩橙汁	60 g

[制作工艺流程]

A虎皮部分：

①糖化：将蛋黄和细砂白糖完全搅打至鸡蛋液微微发泡；然后慢慢加入过筛的低筋面粉、玉米淀粉、盐和色拉油搅拌均匀，不要过度搅拌。

②烘焙：放入面火220 ℃、底火50 ℃的烤箱，烤制15分钟后取出，晾凉，待用。

B蛋糕卷部分：

按照瑞士卷制作方法做好一根瑞士卷，待用。

组合成型：待A、B部分完全晾凉后，将奶油打发并拌入浓缩橙汁，用抹刀将虎皮底面均匀抹上一层奶油作为黏合剂，然后放上蛋糕卷部分，卷起包紧，切除多余的虎皮，最后切成小段。

★ 虎皮部分制作最好全用蛋黄，少用蛋清。

★ 虎皮部分要有起伏的花纹，蛋黄不要过度打发；否则花纹不深或成为黄金皮。

★ 烤箱要提前预热，卷蛋糕时要注意用力均匀，充分卷紧。

产/品/特/点

口味香甜
外皮金黄
虎皮纹路清晰

任务13　彩虹蛋糕

[前置任务]

了解彩虹蛋糕的特点。

[任务介绍]

初步了解彩虹蛋糕的制作过程。

[任务实施]

（1）任务实施地点：教室、西点实训室
（2）理论实训一体化任务实施时间分配
①理论讲解（40分钟）。
②原料准备（5分钟）。
③教师示范（35分钟）。
④学生按小组实训（60分钟）。
⑤评价（10分钟）。
⑥卫生（10分钟）。

[任务资料单]

彩虹蛋糕制作标准

[设备用具]

搅拌机1台、烤箱1台、工作台1张、电子秤1台、烤盘纸1张、烤盘1个、羊毛刷1把、低筋面粉筛1个、裱花袋3只、裱花嘴3个、剪刀1把、软刮刀1把。

[原料]

彩虹蛋糕原料配方见表3-12。

表3-12　彩虹蛋糕原料配方

原料	用量/g
鸡蛋	400
白糖	150
低筋面粉	120
泡打粉	3
牛奶	50
色拉油	50
草莓粉	10
抹茶粉	10
橙汁	10

[制作工艺流程]

①预热：烤箱预热至180 ℃，将低筋面粉、泡打粉等过筛备用。

②分蛋：鸡蛋打破，将蛋黄和蛋清分开。用手动打蛋器将蛋黄打散，再继续加入牛奶、色拉油、白糖一起混合到无颗粒状态。

③搅拌：在蛋黄液中加入过筛的低筋面粉、泡打粉，轻轻拌匀，以免面粉起筋。

④打发：将蛋清倒入搅拌缸，用搅拌机打发，分次加入剩余的白糖继续打发至中性发泡，细腻浓稠，即为蛋清糊。

⑤混合：用软刮刀取出1/3的蛋清糊加入刚拌好的蛋黄面糊里，用刮刀以上下切刀的

方式轻轻地拌匀后，再把面糊倒入剩下的蛋清糊里，用同样的方式拌匀即可。

⑥整形：取一些面糊分别加入抹茶粉、草莓粉和橙汁，调成不同颜色的面糊，拌匀后分别装入裱花袋，在烤盘中铺上刷油的烤盘纸，分别挤入三色条纹，交替挤注，挤完后用刮刀刮平或交替挤进六寸模具中至八分满。

⑦烘焙：将面糊放入面火200 ℃、底火180 ℃的烤箱，烤制20分钟。

⑧造型：蛋糕取出，冷却后将蛋糕卷成卷；或者将六寸蛋糕切成水滴状，均匀摆放。

产/品/特/点

颜色层次分明
花纹清新雅丽
口感松软细腻

任务14 黄油蛋糕

[前置任务]

了解黄油蛋糕的制作特点。

[任务介绍]

初步了解黄油蛋糕的制作过程。

[任务实施]

（1）任务实施地点：教室、西点实训室
（2）理论实训一体化任务实施时间分配
①理论讲解（40分钟）。
②原料准备（5分钟）。
③教师示范（35分钟）。
④学生按小组实训（60分钟）。
⑤评价（10分钟）。
⑥卫生（10分钟）。

[任务资料单]

黄油蛋糕制作标准

[设备用具]

搅拌机1台、烤箱1台、工作台1张、电子秤1台、油脂杯或蛋糕模具1个、羊毛刷1把、低筋面粉筛1个。

[原料]

黄油蛋糕原料配方见表3-13。

表3-13　黄油蛋糕原料配方

原料	用量/g
鸡蛋	300
白糖	300
低筋面粉	300
黄油	300

续表

原料	用量/g
色拉油	80
纯牛奶	80

[制作工艺流程]

①分割：将黄油切成小块和色拉油一起加入搅拌缸，用中速进行搅拌打发。

②打发：将白糖加入搅拌缸，分次加入鸡蛋进行搅打，每加一次鸡蛋都要充分打发，直至鸡蛋加完并且膏料蓬松呈羽毛状。

③混合：筛入低筋面粉，慢速和匀，再加入纯牛奶调节面糊浓稠度，和匀。

④装模：将面糊装入裱花袋，挤进油脂杯或抹了油和面粉的蛋糕模中，八分满，表面可撒上杏仁片或干果果脯。

⑤烘焙：烤箱预热后，调至180 ℃烤制45分钟，取出晾凉，脱模备用。

产/品/特/点

蛋糕油润
具有奶香味

 **可可纸杯蛋糕**

[前置任务]

了解纸杯蛋糕的特点。

[任务介绍]

初步了解可可纸杯蛋糕的制作过程。

[任务实施]

（1）任务实施地点：教室、西点实训室
（2）理论实训一体化任务实施时间分配
①理论讲解（40分钟）。
②原料准备（5分钟）。
③教师示范（35分钟）。
④学生按小组实训（60分钟）。
⑤评价（10分钟）。
⑥卫生（10分钟）。

[任务资料单]

可可纸杯蛋糕制作标准

[设备用具]

搅拌机1台、烤箱1台、工作台1张、电子秤1台、蛋糕纸杯20个、羊毛刷1把、面筛1个、裱花袋1只、软刮刀1把。

[原料]

可可纸杯蛋糕原料配方见表3-14。

表3-14 可可纸杯蛋糕原料配方

原料	用量/g
鸡蛋	400
白糖	200
低筋面粉	450
纯牛奶	100

续表

原料	用量/g
色拉油	70
可可粉	30
黑巧克力	100
黄油	400

[制作工艺流程]

①预热：烤箱预热至180 ℃，备用。

②打发：将黄油、色拉油、白糖放入搅拌缸内，先慢速后快速搅拌至发白，鸡蛋分次加入，搅打至完全融合。

③混合：依次加入过筛的低筋面粉和可可粉，搅拌均匀，然后加入纯牛奶和融化的黑巧克力，搅拌均匀。

④装杯子：将蛋糕糊注入纸杯中，装六分满。

⑤烘焙：将蛋糕糊放入烤箱以180 ℃烤制20分钟。

产/品/特/点

质感蓬松
口感柔滑

杏仁玛芬蛋糕

[前置任务]

了解杏仁玛芬蛋糕的特点。

[任务介绍]

初步了解杏仁玛芬蛋糕的制作过程。

[任务实施]

（1）任务实施地点：教室、西点实训室
（2）理论实训一体化任务实施时间分配
①理论讲解（40分钟）。
②原料准备（5分钟）。
③教师示范（35分钟）。
④学生按小组实训（60分钟）。
⑤评价（10分钟）。
⑥卫生（10分钟）。

[任务资料单]

杏仁玛芬蛋糕制作标准

[设备用具]

和面机1台、醒发箱1台、烤箱1台、工作台1张、电子秤1台、切面刀1把、蛋糕纸杯6个、羊毛刷1把。

[原料]

杏仁玛芬蛋糕原料配方见表3-15。

表3-15 杏仁玛芬蛋糕原料配方

原料	用量/g
鸡蛋	500
白糖	350
低筋面粉	500
黄油	500
纯牛奶	100
色拉油	50
杏仁片	20

[制作工艺流程]

①打发：将黄油、色拉油、白糖放入搅拌缸内，先慢速后快速搅拌至发白，鸡蛋分数次加入，搅拌至完全融合。

②搅拌：低筋面粉过筛，慢慢加入纯牛奶，以慢速搅拌均匀。

③装杯：将面糊装入裱花袋中挤入蛋糕纸杯内，约八分满。

④装饰：在面糊表面均匀撒上杏仁片。

⑤烘烤：将面糊放入面火180 ℃、底火170 ℃的烤箱，烤制20～25分钟。

风/味/特/点

口感细腻
油润适口

任务17 胡萝卜蛋糕

[前置任务]

了解胡萝卜蛋糕的特点。

[任务介绍]

初步了解胡萝卜蛋糕的制作过程。

[任务实施]

（1）任务实施地点：教室、西点实训室
（2）理论实训一体化任务实施时间分配
①理论讲解（40分钟）。
②原料准备（5分钟）。
③教师示范（35分钟）。
④学生按小组实训（60分钟）。
⑤评价（10分钟）。
⑥卫生（10分钟）。

[任务资料单]

胡萝卜蛋糕制作标准

[设备用具]

搅拌机1台、烤箱1台、工作台1张、电子秤1台、模具2个、羊毛刷1把、刮刀1把、软刮刀1把。

[原料]

胡萝卜蛋糕原料配方见表3-16。

表3-16 胡萝卜蛋糕原料配方

原料	用量/g
鸡蛋	300
白糖	120
低筋面粉	500
色拉油	30
泡打粉	8

原料	用量/g
肉桂粉	6
黄油	50
核桃仁	50
胡萝卜	250
葡萄干	30
菠萝	2

[制作工艺流程]

①预热：预热烤箱至170 ℃，备用。

②初加工：先将核桃仁、菠萝和葡萄干切碎，胡萝卜洗干净切细轻轻拧干水分。

③打发：将鸡蛋和白糖打发，再逐渐加入融化的黄油，充分打发。

④混合：将过筛的低筋面粉、泡打粉、肉桂粉慢速加入并搅拌，然后加入胡萝卜丝、核桃碎、菠萝碎和葡萄干碎拌匀，蛋糕模具内刷色拉油，注入蛋糕糊至六分满。

⑤烘焙：将其放入烤箱，烤制35分钟，出炉，晾凉，脱模，即可食用。

产/品/特/点

色泽美观
营养丰富
口感香醇浓厚

任务18　芝士蛋糕

[前置任务]

复习蛋糕类甜点的制作工艺流程，提前了解芝士蛋糕的历史及文化，熟悉芝士的相关知识。

芝士蛋糕是指用芝士为主要乳料做的蛋糕。芝士又名奶酪、干酪，指动物乳经乳酸菌发酵或加酶后凝固，并除去乳清制成的浓缩乳制品。芝士同牛奶一样，本身主要由蛋清质、脂类等营养成分组成。芝士蛋糕含有丰富的钙、锌等矿物质及维生素A与维生素B2，经过发酵后这些养分更易被人体吸收。

芝士蛋糕（Cheese Cake），又名起司蛋糕、干酪蛋糕，是西方甜点的一种，它有着柔软的上层，混合了特殊的芝士，如乳清干酪或奶油奶酪，再加上白糖和其他配料，如鸡蛋、奶油、椰蓉和水果等。芝士蛋糕通常以饼干为底层，也有不使用底层的。芝士蛋糕有固定的几种口味，如原味芝士、香草芝士、巧克力芝士等。其表层的装饰常常是草莓或蓝莓，也有不装饰或只在顶层简单抹上一层薄蜂蜜，此类蛋糕在结构上较一般蛋糕扎实，但质地却较一般蛋糕绵软，口感较一般蛋糕湿润，若以具体食物来描述，芝士蛋糕是口感类似于提拉米苏或慕斯之类的糕点，但本身又不如两者绵软。

[任务介绍]

芝士蛋糕因具有浓郁的芝士风味，深受人们的喜爱，同时芝士蛋糕在烘烤时使用的是水浴法，是一种在西点中具有代表性的产品。

（1）熟悉芝士蛋糕的制作工艺流程

（2）掌握芝士蛋糕的工艺流程，掌握配方中芝士的使用方法及操作技巧

（3）掌握芝士蛋糕烘烤温度及时间

[任务实施]

（1）任务实施地点：教室、实训室

（2）理论及实训一体化任务实施时间分配

①理论讲解（40分钟）。

②原料准备（5分钟）。

③教师示范解说（35分钟）。

④学生按小组实训（60分钟）。

⑤评价（10分钟）。

⑥卫生（10分钟）。

[任务资料单]

芝士蛋糕制作标准

[设备用具]

不锈钢操作台1张、搅拌机1台、西餐刀1把、复合底锅1口、蛋抽1把、细网筛1个、软刮刀1把、烤盘1个、烤箱1台、蛋糕模具6个、六寸模具1个、搅拌盆1个、柠檬刨1个、切面刀1把、擦皮刀1把、裱花袋若干。

[原料]

芝士蛋糕原料配方见表3-17。

表3-17 芝士蛋糕原料配方

原料		用量	烘焙百分比/%
芝士面糊	奶油芝士	1 000 g	100
	白糖	250 g	25
	鸡蛋	400 g	40
	酸奶	100 g	10
	玉米淀粉	30 g	3
	淡奶油	300 g	30
	柠檬	1个	—
	橙子	1个	—
塔皮	黄油	200 g	100
	糖粉	100 g	50
	鸡蛋	45 g	23
	低筋面粉	300 g	150

[制作工艺流程]

（1）塔皮制作

①黄油提前软化，加入过筛的糖粉，充分混合均匀，搅打至黄油发白。

②分次加入鸡蛋，使塔皮面团乳化均匀，再加入过筛的低筋面粉，翻拌混合均匀。将制作好的塔皮放入模具中，用手指将其按压均匀。

③底部用牙签等尖锐物刺透，防止塔皮底部拱起，将模具放入提前预热至面火180 ℃、底火170 ℃的烤箱，烤至塔皮表面呈金黄色即可。

（2）芝士面糊制作

①将柠檬和橙子洗净，用擦皮刀擦出柠檬皮和橙子皮，将柠檬汁和橙汁过滤，去籽备用。

②奶油芝士放入搅拌缸，搅拌至顺滑细腻，加入白糖，继续搅拌至白糖溶化。

③之后分次加入鸡蛋，直至鸡蛋全部加完，面糊顺滑有光泽，加入过筛的玉米淀粉，搅拌均匀后加入酸奶、淡奶油、柠檬皮、柠檬汁、橙皮、橙汁搅拌均匀。

（3）组合烘烤

烤箱提前预热至面火180 ℃、底火160 ℃；将制作好的芝士面糊装入裱花袋中，挤入晾凉的塔壳中或者将面糊倒入六寸模具中，装至九分满；将塔壳或模具放入烤盘中，烤盘中倒入温水，放入烤箱中烘烤，烘烤至蛋糕表面呈金黄色即可。

风/味/特/点

外皮酥脆
口感顺滑细腻
芝香浓郁

[注意事项]

★ 如果室温较低，在搅拌芝士的时候，可以在下面放一盆温水或用热毛巾等热源给搅拌缸加热，以使芝士更容易被搅拌均匀细腻。

★ 加鸡蛋时要分次加入，待上一个鸡蛋完全混合均匀后再加下一个鸡蛋，防止面糊分离。

★ 芝士蛋糕在烘烤时使用的是水浴法，烤盘中的水不能太凉，否则会影响烤制效果。

★ 烤制好的芝士蛋糕在脱模时要多加小心，防止蛋糕被碰散。

 **布朗尼蛋糕**

[前置任务]

复习蛋糕类甜点的制作工艺流程，提前了解布朗尼蛋糕的历史及文化，熟悉巧克力的相关知识。

[任务介绍]

布朗尼蛋糕是一款极具影响力的蛋糕，其特有的巧克力风味得到大众的一致好评，另外布朗尼蛋糕中加入了核桃、杏仁片等坚果，丰富了产品的层次和口感。

（1）熟悉布朗尼蛋糕的制作工艺流程

（2）掌握布朗尼蛋糕的工艺流程，掌握配方中巧克力的使用方法及加入时机

（3）掌握布朗尼蛋糕烘烤温度及时间

[任务实施]

（1）任务实施地点：教室、实训室

（2）理论及实训一体化任务实施时间分配

①理论讲解（40分钟）。

②原料准备（5分钟）。

③教师示范解说（35分钟）。

④学生按小组实训（60分钟）。

⑤评价（10分钟）。

⑥卫生（10分钟）。

[任务资料单]

布朗尼蛋糕制作标准

[设备用具]

不锈钢操作台1张、搅拌机1台、西餐刀1把、复合底锅1口、蛋抽1把、细网筛1个、软刮刀1把、烤盘1个、烤箱1台、菜板1张、蛋糕模具1个、搅拌盆1个。

[原料]

布朗尼蛋糕原料配方见表3-18。

表3-18　布朗尼蛋糕原料配方

原料	用量/g	烘焙百分比/%
黄油	260	100
白糖	330	127
鸡蛋	4	77
黑巧克力	225	87
盐	3	1
低筋面粉	225	87
泡打粉	4	1
杏仁片和核桃	260	100
可可粉	5	2

[制作工艺流程]

（1）面糊制作

①将黑巧克力提前切碎，放入锅中隔水融化。

②低筋面粉、可可粉和泡打粉混合，过筛，备用；核桃切碎备用。

③将黄油和白糖放入搅拌缸中进行搅打，打至黄油发白后，分次加入鸡蛋，搅拌均匀后，慢慢加入过筛的低筋面粉、可可粉、盐和泡打粉，搅拌均匀。

④混合均匀后将融化好的黑巧克力倒入面糊中，最后加入杏仁片和核桃碎，搅拌均匀即可。

（2）成型、烘烤

①烤箱提前预热至面火180 ℃、底火180 ℃；将制作好的面糊倒入模具中，八分满。

②在蛋糕表面铺上黑巧克力碎，放入预热好的烤箱中，烤至面糊完全成熟；将烤好的蛋糕晾凉，脱模。

[注意事项]

★ 所有原料需要提前过筛，可分别过筛，也可混合过筛。

★ 杏仁片可以提前烤好，增加香味。

★ 烤箱需提前预热，蛋糕需烤至面糊完全成熟，可以用牙签等尖细物插入蛋糕内部，以拔出时表面干爽、无浆料为宜。

 **圣诞树根蛋糕**

[前置任务]

复习蛋糕的制作工艺流程，提前了解圣诞树根蛋糕的历史及文化，掌握瑞士卷类产品的制作手法。

[任务介绍]

圣诞树根蛋糕是一款具有代表性的节日性蛋糕，多出现于圣诞节期间，以其外形酷似树根而得名，多搭配糖人、水果、糖粉等装饰，具有浓厚的圣诞色彩。

（1）熟悉树根蛋糕的制作工艺流程

（2）掌握树根蛋糕的制作及成型手法

（3）掌握树根蛋糕烘烤温度及时间

[任务实施]

（1）任务实施地点：教室、实训室

（2）理论及实训一体化任务实施时间分配

①理论讲解（40分钟）。

②原料准备（5分钟）。

③教师示范解说（35分钟）。

④学生按小组实训（60分钟）。

⑤评价（10分钟）。

⑥卫生（10分钟）。

[任务资料单]

圣诞树根蛋糕制作标准

[设备用具]

不锈钢操作台1张、搅拌机1台、蛋糕刀1把、蛋抽1把、细网筛1个、软刮刀1把、烤盘1个、烤箱1台、搅拌盆1个、柠檬刨1个、抹刀1把、烤盘纸2张、擀面杖1根。

[原料]

圣诞树根蛋糕原料配方见表3-19。

表3-19　圣诞树根蛋糕原料配方

原料		用量/g	烘焙百分比/%
圣诞树根蛋糕坯	鸡蛋	300	300
	白糖	145	145
	盐	1	1
	色拉油	60	60
	牛奶	50	50
	低筋面粉	95	95
巧克力奶油	淡奶油	200	100
	糖粉	16	8
	黑巧克力和可可粉	10	5

[制作工艺流程]

（1）蛋糕坯制作工艺流程

①将鸡蛋的蛋黄和蛋清分开，蛋黄中加入白糖、牛奶、色拉油和盐，搅拌均匀，加入过筛的低筋面粉和可可粉，搅拌至无面粉颗粒。

②同时将蛋清和白糖放入搅拌缸，打发至湿性发泡，打发的蛋清提起呈鹰钩状即可。

③取一部分蛋清加入蛋黄面糊中，搅拌均匀后将搅拌好的面糊倒入蛋白中，翻拌均匀，将翻拌好的面糊倒入铺好烤盘纸的烤盘中。

④放入提前预热，面火210 ℃、底火180 ℃的烤箱，烘烤10分钟左右，至表面上色，蛋糕完全成熟，取出晾凉备用。

⑤在晾好的蛋糕表面均匀抹上打发的淡奶油，先用锯齿刀切去部分边角料，一手稍

提木棒压紧再抓住卷纸，一手卷动蛋糕，配合前行直至成卷，切片成型。

（2）巧克力奶油制作工艺流程

将淡奶油和糖粉放入搅拌缸，打发至中性发泡，加入过筛的可可粉、融化的黑巧克力，继续搅拌均匀即可。

（3）组合装饰

①将晾凉的蛋糕坯取下，放在新的烤盘纸上，用锯齿刀将蛋糕坯的一端斜着切掉一部分，方便收口。

②将巧克力奶油均匀地抹在蛋糕坯表面，将擀面杖放在烤盘纸下方，贴紧蛋糕坯，同时将蛋糕坯前端轻轻抬起后压下，之后顺势带着烤盘向前走，同时擀面杖向后旋转，过程中要贴紧蛋糕坯，使其卷紧，无空心。

③之后将剩下的巧克力奶油装入裱花袋，在卷好的蛋糕坯表面和两端挤上巧克力奶油，用叉子等工具在表面画出树皮的纹路和年轮。

④在制作好的树根蛋糕表面用糖人、水果等进行点缀装饰，然后在表面撒上防潮糖粉即可。

[注意事项]

★制作蛋糕坯时，蛋清中不能有蛋黄，打发蛋清的缸子要干净，无水无油。

★蛋黄面糊和蛋清进行混合时，先取一部分蛋清加入蛋黄面糊中，进行搅拌，可以降低蛋黄的黏稠度，以便与蛋清混合，之后两者混合时，需要防止蛋清消泡，要用翻拌的手法，而不能搅拌。

★奶油不要打得过老，否则在卷制蛋糕卷和挤奶油时都会造成不良影响。

★卷制蛋糕卷时先在蛋糕坯前端斜切一块，可以使卷好的蛋糕卷收口更美观，同时也可以防止卷好的蛋糕卷开口，制作时要熟悉手法要领，多加练习。

产/品/特/点

节日甜品
造型独特

任务21　蛋糕装饰基本功

1）蛋糕抹面

蛋糕抹面制作技法：

奶油一般保存在 -18 ℃以下的冷冻冰箱内，因此使用前先要充分解冻。奶油倒入搅拌缸内，先慢速搅拌一分钟左右，再快速搅打奶油发泡至鸡尾钩状，最后再中速和匀，消除奶油内部气泡气孔。用长柄抹刀取出部分奶油抹在蛋糕体上，食指按住抹刀均匀地把奶油抹在蛋糕坯表面和四周，奶油厚度以0.3～0.5 cm为宜，使其表面和四周光滑即可。此方法可以用于各种形状不规则的蛋糕坯。

2）蛋糕围边

围边制作技法：

根据线条、花纹式样选择适当的裱花嘴。挤注花纹图案时，需要用力均匀、大小一致。此方法可以用于蛋糕四周吊边。

3）蛋糕裱花

蛋糕裱花会使一款甜点味道香甜可口，非常适合家庭聚餐、朋友聚会和企业举办活动以烘托现场气氛时食用。

裱花，意思是在蛋糕表面做一些装饰，裱花是蛋糕装饰的主要方法，也是西点师必备的技艺之一。裱花的手法需要经过反复练习，才能一点一点地达到更加精致的效果，才会让每一片花瓣或每一个人物造型都具有真实灵动的感觉。

花朵、卡通动物的制作技法：

玫瑰花的花心要紧凑，花瓣滑润、不断不裂，逐渐绽放，层次清晰，美观漂亮。

挤注玫瑰花时，注意左右手的配合，并掌握控制好"三度"（力度、角度、速度）。

裱各种花卉要选用不同的裱花嘴，如山茶花、菊花、康乃馨、百合花、蔷薇花、大丽菊等，有些花卉还需要两个或两个以上不同的裱花嘴组合使用，如牡丹花、蝴蝶兰。在制作时，应根据花卉的颜色先用食用色素调制各种颜色的奶油再装袋裱注。

挤注的卡通动物要生动、形象，再用巧克力酱勾勒

出动物的形态特征。

4）字体绘写

字体可用红色果酱或融化的巧克力酱装袋进行绘写，字体笔画应粗细均匀，不断不裂，字形美观，布局合理。

5）表面构图

①图案设计符合主题要求，适于用在生日、婚庆、祝寿、乔迁等的裱花装饰，图案要清晰美观。

②色调柔和淡雅，色彩搭配合理。

③恰当地使用各样水果进行装饰。

④欧式蛋糕和翻糖蛋糕装饰例外，不适合用此方法，后面章节有简单的介绍。

项目 4

西式甜点制作工艺

> > >

西式甜点是西点中重要的组成部分，其中主要包括饼干类、清酥类、混酥类、泡芙类、冷冻甜点类、蛋白甜点类等。本项目主要通过对以上内容的讲解，使学生熟悉各类甜点的制作工艺，掌握饼干面团（面糊）调制、成型、装盘技巧，清酥面团的调制和开酥方法及技巧，混酥面团的调制、装模、成型的方法及要领，泡芙面糊调制与成型要求，冷冻甜食浆料调制与装模要求，蛋白甜食浆料调制、入模、成型要领，掌握各类热烘焙甜点的烘焙技术要领。

该项目由各类西式甜点品种介绍和品种制作两大任务组成。其中，品种制作由伯爵饼干、风车酥、南瓜派、水果塔、杧果布丁、提拉米苏等16个子任务组成。本部分将通过理论和实践相结合的方式进行教学，约需68个课时（40分钟/课时）。

西式甜点的概述、种类及特点

[前置任务]

市场实地考察，查阅资料，充分了解各类西式甜点的种类、特点及代表产品并填写表4-1。

表4-1 西式甜点的种类、特点及代表产品

种类	特点	代表产品
饼干类		
清酥类		
混酥类		
泡芙类		
冷冻甜点类		
蛋白甜点类		

市场实地考察，查阅资料，了解常见西式甜点的售价及口感。

[任务介绍]

本任务主要通过理论知识来讲解西式甜点的种类、特点、代表产品、基础配方以及注意事项等，为之后的品种制作做铺垫。

（1）了解西式甜点的种类及特点

（2）掌握各类西式甜点的制作工艺流程

（3）掌握各类西式甜点的基础配方

（4）掌握各类西式甜点的制作要领及注意事项

（5）基本实现理论指导实践

[任务实施]

（1）任务实施地点：教室

（2）理论讲解、任务实施时间分配

①理论讲解（120分钟）。

②分析讨论（40分钟）。

[任务资料单]

西式甜点（Dessert），源自法语，也称作"甜品"，特指正餐之后的甜点，现也泛指各类茶点、宴会点心等，多以小巧精致为主，同时也包括一些咸味点心。本任务将分别从饼干类、清酥类、混酥类、泡芙类、冷冻甜食类、蛋白甜食类这6类甜点展开介绍。

1）饼干类

饼干类甜点，美国称为Cookies，英、法、德等国称为Biscuits，是以粉、蛋、油、糖为主要原料，配合其他辅料，经过搅拌、揉合等工艺制成的面糊或浆料，以模具、挤注、切割等方式成型，经烘烤而形成的酥松饼状点心；饼干以香、酥、脆、松为特点，造型小巧精致，根据浆料状态不同可分为面糊类饼干和乳沫类饼干，按照加工工艺不同又可以分为酥性饼干、韧性饼干、苏打饼干、曲奇饼干、威化饼干、压缩饼干等。

（1）面糊类饼干

面糊类饼干多数以糖油混合的方式进行搅拌，之后再分次加入蛋类，如果有水类也在这一步添加，最后加入粉类，混合均匀即可。随着搅拌时间的延长，面糊内混入的空气随之增多，饼干更酥松，但同时面糊的延展性也相对降低。如果搅拌面糊的时间过长，使面糊中充入过量空气，会使制成的饼干过于酥松，不易保持形态，入口时会有沙粒感；如果搅拌时间不足，做出来的饼干口感较硬。因此，根据我们所做的产品种类不同，要控制好搅拌的时间，酥松类饼干搅拌时间相对久一些，而曲奇饼干、硬性饼干的搅拌时间相对短一些，如椰子饼干。

下面通过表4-2中的基础曲奇饼干原料配方讲解面糊类饼干的制作工艺流程。

表4-2 基础曲奇饼干原料配方

原料	用量	烘焙百分比/%
低筋面粉	300 g	100
黄油	200 g	67
糖粉	120 g	40
鸡蛋	1个	17

①搅拌：将黄油和过筛的糖粉混合在一起进行搅拌，搅拌至奶油状、颜色变白；分次加入鸡蛋；鸡蛋和糖油混合均匀后，加入过筛的低筋面粉，混合均匀即可。

[**注意事项**]

★ 配方中使用的是糖粉，不建议使用砂糖，因为砂糖的颗粒较大，搅拌时不能将颗粒全部搅碎，最后成品表面会出现白点。

★ 面粉一般选择低筋面粉，不能用高筋面粉，因为面团筋力太强会影响成品外观和口感。

★ 如果冬天气温较低，需要提前将黄油进行软化，软化至用手指能戳出小洞即可，不可软化过度。

★ 鸡蛋不可一次性全部加入，否则会乳化不均匀，形成蛋花状。

★ 加入面粉后，混合均匀即可，不要过度搅拌。

②整形和装盘：裱花袋中装入曲奇裱花嘴，将混合好的面糊装入裱花袋中，在烤盘中挤出形状，大小一致，排列均匀。

饼干的成型除了用裱花袋以外，还有很多其他的方法：将面糊搓成圆柱形或长条形，用保鲜膜包好，放入冰箱冷冻，冻好后取出，用刀切成薄片，均匀摆入烤盘中，如棋盘饼干；将面糊擀制成约5 mm厚的均匀薄片，用模具切成所需的各种形状，均匀摆入烤盘中，如卡通饼干；将面糊用手或勺子制成小团，放入手中搓圆，放在烤盘上用手或其他工具压成饼状，也可以用叉子等工具在表面压出花纹，如葡萄奶酥饼；将面糊搓成长条状，放在烤盘中，放入烤箱中进行预烘焙，待面糊基本成型后取出晾凉，用刀切成薄片，均匀摆在烤盘中，继续烘烤，如杏仁饼干；用勺子取一小勺面糊，倒在烤盘上，再用勺子或叉子整理成圆形薄片状，如杏仁薄饼。

③烘烤：烤箱提前预热至面火160 ℃、底火150 ℃，将成型好的饼干放入烤箱中，烘烤大约17分钟，至表面呈金黄色即可。

[**注意事项**]

★ 烤箱需提前预热至所需温度。

★ 每个烤箱的温度不完全相同，在烤制时要根据所用烤箱的实际情况进行相应的调整。

★ 多数烤箱内外存在一定的温差，所以在饼干表面稍上色时，需要将烤盘内外位置进行调换，保证受热均匀。

★ 烘烤开始后，要留意上色程度，避免底部上色过重，出现焦煳，影响产品质量。

④包装和储藏：饼干要等到完全晾凉后才可以进行包装，一般以用罐装、盒装、袋装为主。如果不急于包装的产品，可放入铺好油纸的密封盒中进行保存，密封良好状态下的饼干，保存期比较长，不同品种的饼干保质期在1个月至1年不等。

（2）乳沫类饼干

乳沫类饼干是以蛋白（蛋清）或蛋黄、糖、粉为主要原料，配合其他辅助原料，搅拌形成含有丰富气泡的浆料，经成型、装盘后进行烘烤而成的饼干。

常见的乳沫类饼干以只含蛋黄、只含蛋白、既含蛋黄又含蛋白三类为主。只含蛋黄的饼干制作时一般先将蛋黄和白糖打发，打至蛋黄发白，之后混入过筛的粉类原料，翻拌均匀即可，类似虎皮蛋糕的制作方法，如蛋黄酥饼。只含蛋白的饼干制作时一般先将蛋白和白糖进行打发，打发至湿性发泡，呈鹰钩状，再混入过筛的粉类原料，翻拌均匀即可，类似天使蛋糕的制作方法，如蛋白饼干。既含蛋黄又含蛋白的饼干制作时一般先将蛋黄和一部分白糖进行打发，打发至蛋黄发白，再将蛋白和一部分白糖进行打发，打发至湿性发泡，呈鹰钩状，然后将蛋黄面糊和蛋白面糊混合翻拌均匀，最后加入过筛的粉类原料，翻拌均匀即可，类似戚风蛋糕的制作方法，如手指饼干。

乳沫类饼干浆料较稀，成型时多辅以裱花袋。另外乳沫类饼干浆料中气泡和水分含量较高，烘烤后的饼干极易吸湿受潮，要做好密封储藏。

下面通过表4-3中的手指饼干原料配方讲解乳沫类饼干的制作工艺流程。

表4-3 手指饼干原料配方

原料	用量	烘焙百分比/%
蛋黄	10个	100
糖粉	65 g	33
蛋白	150 g	150
白糖	165 g	83
低筋面粉	115 g	58
玉米淀粉	115 g	58

①搅拌：将蛋黄和一部分白糖混合，搅打至蛋黄发白备用，将蛋白和另一部分白糖混合，打发至湿性发泡，蛋白呈鹰钩状，将一部分蛋白面糊和蛋黄面糊混合，搅拌均匀，将搅拌均匀的面糊与剩余的蛋白面糊混合，翻拌均匀，加入过筛的低筋面粉和玉米淀粉的混合物，翻拌均匀即可。

②成型：裱花袋内装入圆形裱花嘴，或用剪刀将裱花袋剪平口，烤盘上均匀地撒上面粉或垫上不沾烤布，将翻拌好的面糊装入裱花袋中，在烤盘中挤成长条手指状，排列均匀，在挤好的面糊表面撒上糖粉。

③烘烤：烤箱提前预热至面火200 ℃、底火170 ℃，温度达到后，将烤盘放入烤箱，烤约10分钟，至表面呈金黄色即可。

④包装与储藏：烤好的手指饼干，待晾凉后，放入铺好油纸的密封盒中，摆放整齐，将密封盒封好。

[注意事项]

★烤箱需提前预热至所需温度。

★低筋面粉和玉米淀粉事先过筛，混合均匀。

★由于蛋黄面糊的质地比蛋白面糊要厚重，所以要先加入一部分蛋白面糊，稀释蛋黄面糊，使蛋黄面糊的质地与蛋白面糊接近。

★蛋黄面糊中加入蛋白时可以搅拌，但将混合好的面糊加入蛋白面糊中时必须使用翻拌手法，翻拌均匀即可，否则会使蛋白消泡。

★将过筛的低筋面粉和玉米淀粉倒入翻拌好的蛋黄、蛋白面糊中，此时也要使用翻拌手法，同样是为了避免蛋白消泡，因为蛋白消泡会使成品扁平、体积变小、内部组织不均匀。

2）清酥类

清酥类点心也叫起酥点心，是以面粉、蛋、糖、黄油等为主要原料，辅以其他原料制作成的面团，包裹起酥油，经过反复折叠、擀制、成型、烘烤或炸制等工艺流程制作而成的一种口感酥脆、表面金黄、层次分明、具有独特奶香味的点心。

清酥类点心层次分明是因为面团包裹起酥油，并进行反复擀制。面团在反复擀制并进行折叠的过程中会形成一层面一层油的交替排列结构，折叠的次数越多，所呈现的层数越多。但在实际制作时，折叠的次数不会过多，过多的折叠会使面皮过薄，容易产生油和面混合的状态，最后不能制作出酥脆的起酥面皮。

制作起酥面皮时，先将面团擀成长方形，宽度比起酥油的略宽，长度为起酥油宽度的两倍多一点，面团铺平，将起酥油放置在面团一侧，四周要留有空白面团，将另一侧的面团折叠，包裹起酥油，用手将四周压实，之后将面团擀成长方形，开始进行折叠。擀制时可选择机器擀制或手工擀制，机器擀制更方便，面皮更均匀。

折叠的方式大体上可以分为三类：对折法、三折法、四折法。

对折法：将擀成长方形的面团直接对折，再进行擀制。

三折法：将擀成长方形的面团大致分为三等分，将一侧面团向中间折起，再将另一侧面团折起，盖住之前的面团，最后进行擀制。

四折法：将擀成长方形的面团大致分为四等分，将两侧面团分别向中间折起，再将折好的面团对折，最后进行擀制。

使用上述方法将面团折叠好后，准备开始下一步的擀制。每次擀制时都要将面团旋转90°再进行擀制，这样不会使面筋长时间处于紧绷状态，造成面团断裂。每次擀制完成，根据需要再进行相应的折叠，根据折叠次数和折叠方法的不同组合，可以制作成不同层数的起酥面皮，下面简单介绍不同组合制作出的油层数和面层数的计算方法。

以油层数为Y，面层数为M，以折叠方法为X（对折法$X=2$；三折法$X=3$；四折法$X=4$），折叠次数为N，则：

油层数 = 折叠方法^{折叠次数}，　　　　　即$Y=X^N$；

面层数 = 油层数+1，　　　　　即$M=Y+1$。

举例说明：

当选择三折法时，折叠次数为3，则油层数为$3^3=27$，面层数为27+1=28；当选择四折法时，折叠次数为2，则油层数为$4^2=16$，面层数为16+1=17。

当然如果折叠次数过多，会导致油面混合，不能很好地分层，不能制作出所需的起酥面皮，折叠次数过少，分层过少，体现不出清酥类产品的特点，所以在制作时要根据实际情况选择合适的折叠方法和折叠次数，以达到最佳效果。

在包裹起酥油时要注意保持油和面的软硬度适中，否则会漏油或结块。为了保证油和面的软硬度适中，面团可以放入冰箱稍冻硬，起酥油提前放在室温下解冻，使用前用通捶敲打起酥油表面，使油的表面和内部的软硬度一致。检查油和面的软硬度是否适中，可以用手指轻按油和面的表面，通过触感来判断油和面的软硬度。

下面通过表4-4中的千层酥原料配方讲解清酥类点心的制作工艺流程。

表4-4　千层酥原料配方

原料	用量	烘焙百分比%
高筋面粉	450 g	100
低筋面粉	400 g	89
白糖	40 g	9
盐	15 g	3
水	425 g	94
鸡蛋	1个	11
起酥油	500 g	111

①面团制作：将干性原料倒入和面机，用慢速搅拌均匀，加入湿性原料，用慢速搅拌均匀，之后换快速搅打至面粉成团、表面光滑有弹性即可。将面团取出，整理成圆形，盖上保鲜膜静置松弛30分钟，将面团擀成长方形，放入冰箱冷藏。

[注意事项]

★ 起酥面团制作方法与面包面团制作方法类似，但起酥面团不需要很强的筋度，不用打到完全扩展阶段，只需面团光滑、有弹性即可。

★ 如果时间允许，将面团放入冷藏冰箱，冷藏时表面要盖好保鲜膜，防止其变干，如果时间不允许，也可以将面团放入冷冻冰箱，使其达到所需硬度，有时因工作需要，也可以将面团放入冷冻冰箱保存，使用时，提前从冰箱取出解冻到所需硬度即可。

②包油、开酥：将起酥油提前从冰箱中取出解冻，当起酥油的硬度与面团的硬度相当时，用通捶在起酥油表面轻敲，使其内外软硬度均匀。将面团从冰箱中取出，放置在工作台上，将起酥油放置在面团一侧，开始包油，将包好的面团擀成长方形，使用三折法进行折叠，反复折叠3次，折叠好后将面团擀成3 mm厚，将其切成1 cm×3 cm的长方形，铺上另一层面皮，反复操作3次，在处理好的面皮表面刷上蛋黄液，均匀撒上白糖。

[注意事项]

★ 包油时要确保油和面的软硬度适中，否则会漏油或者结块，影响产品质量。

★ 起酥油解冻后，要用通捶在起酥油表面轻敲，使起酥油内外软硬度均匀，防止开酥时起酥油不能均匀分布。

★ 包油时，要将面团预留出一部分，方便将整块起酥油完全包裹住，防止漏油。

★ 开酥时，要注意在案板上适时地撒上少许面粉，防止粘黏，但面粉的量不能过多。每次折叠后，要将面团旋转90°，防止面筋长时间处于紧绷状态发生断裂，同时要将两端多余的面团切除，但切除的面团不宜过多。

★ 开酥时保持室内温度不能过高，如果室温过高，每次擀制折叠过后，要将面团放入冰箱中冷冻一段时间，否则起酥油受热会变得过软，使油和面的软硬度不相当，导致产品制作失败。擀制面团时，力度要均匀，使面团和起酥油均匀擀开，如果使用起酥机进行开酥，注意每次调整的刻度不能过大。

★完成开酥的面皮，要让其松弛后再进行分切，否则会发生回缩，使产品变形。

★每层面皮之间要刷蛋液，使各层面皮能够良好地黏结。

③烘烤：烤箱提前预热至面火220 ℃、底火210 ℃，将切好的长方形面皮放入烤盘中，表面刷上蛋黄液，放入烤箱烘烤20分钟至表面金黄即可。

[注意事项]

★烤箱要提前预热至所需温度，保证烤制时的温度稳定。

★烤盘中事先刷油或铺上高温不沾布，方便将产品完整地取出，如果是不沾烤盘，也可以忽略此步骤。

★在起酥皮表面刷上蛋黄液，可以使起酥皮更容易上色，但刷蛋黄液时要适量、均匀，不能刷太多。

3）混酥类

混酥类甜点是以粉、油、糖为主要原料，配合其他辅料，经过搅拌、擀压、入模、成型、烘烤等工艺制作而成的酥松点心。常见的混酥类甜点以塔和派为主。一般情况下，塔的体积要小一些，比较常见的有蛋挞、水果塔、核桃塔等。而派相对要大一些，常见有苹果派、柠檬派、南瓜派等。

塔和派按照味型来分，可分为甜味和咸味两种。甜味的塔和派多作为点心食用，一般馅料搭配新鲜水果、蛋奶液、巧克力等；咸味的塔和派可以配合正餐食用，一般馅料搭配肉类、鱼类、火腿等。按照烘烤方法来分，可分为烘烤类和非烘烤类。烘烤类的塔和派，是将面团入模成型后，加入馅料，一起放入烤箱进行烘烤，如蛋挞、苹果派；非烘烤类的塔和派，是将成型的面团放入烤箱烘烤完成，晾凉后加入馅料，待馅料定型后食用，如水果塔、柠檬派。按照塔/派皮数量可分为单层塔/派和双层塔/派，单层塔/派即只由塔/派皮和馅料组成的塔/派，双层塔/派是在单层塔/派的基础上再在上面铺一层塔/派皮，皮可以是整张的，也可以是由条状皮编织而成的。

有一些塔和派不是用混酥面团制作的，而是用清酥面团制作的，我们这里主要讲解混酥类的塔和派。

（1）塔

塔本身是音译名，也叫作挞，下面通过表4-5中的水果塔原料配方讲解塔的制作工艺流程。

表4-5 水果塔原料配方

原料	用量	烘焙百分比/%
黄油	200 g	100
糖粉	100 g	50
鸡蛋	2个	50
低筋面粉	300 g	150
新鲜水果	适量	—
奶油	适量	—
巧克力	适量	—

①搅拌：将黄油和糖粉混合，放入搅拌机中打发至黄油呈乳白色即可，分次加入鸡蛋，待鸡蛋加完混合均匀后，加入过筛的低筋面粉，搅拌均匀即可。

[注意事项]

★配方中使用的是糖粉，不建议使用砂糖，因为砂糖的颗粒较大，搅拌时不能将颗粒全部搅碎，成品表面会出现白点。

★一般选择低筋面粉，不能用高筋面粉，因为面团筋力太强会影响成品外观和口感。

★如果冬天气温较低，需要提前将黄油进行软化，软化至用手指能戳出小洞即可，不可软化过度。

★搅拌过程中要将缸壁上的物料刮干净，使搅拌均匀。

★鸡蛋不可一次性全部加入，否则会乳化不均匀，形成蛋花状。

★加入面粉后，混合均匀即可，不要过度搅拌。

②入模与整形：塔的入模与整形有多种方法。第一种方法是将搅拌好的面团用擀面杖或压面机擀制或压制成3 mm厚的薄片，在表面撒上手粉，用擀面杖将塔皮卷起，铺在摆放整齐的模具上，铺好后用擀面杖在面皮表面滚一遍，然后将多余的面皮取走，这时每个塔壳上面都有一张塔皮，用手或模具将塔皮按实，注意底部不能留有气泡，边缘要贴紧，之后用工具将多余的塔皮去掉。第二种方法是将搅拌好的面团用擀面杖或压面机擀制或压制成3 mm厚的薄片，在表面撒上手粉，用圆形刻模在塔皮表面刻出圆形塔皮，将塔皮放入圆形模具中，用手或模具将塔皮按实，注意底部不能留有气泡，边缘要贴紧，之后用工具将多余的塔皮去掉。第三种方法是将搅拌好的面团称出10 g/个，搓圆，放入模具中，用手或模具将塔皮按实，注意底部不能留气泡，边缘要贴紧，之后用工具将多余的塔皮去掉。

以上几种方法可根据实际情况进行操作，在成型之后，用竹签或叉子在塔壳底部用力插几下，要将塔皮插透，防止烘烤时底部产生气体，使底部膨胀，影响产品质量。

③烘烤：烤箱提前预热至面火180 ℃、底火170 ℃，将成型的塔皮放入烤箱中烤制15分钟左右，表面呈金黄色即可。

[注意事项]

★烤箱需提前预热至所需温度。

★每个烤箱的温度不完全相同，在烤制时要根据所用烤箱的实际情况进行相应的调整。

★多数烤箱内外存在一定的温差，所以在产品表面稍上色时，需要将烤盘内外位置进行调换，保证受热均匀。

★烘烤开始后，要留意上色程度，避免底部上色过重，出现焦煳，影响产品质量。

④装饰与储藏：巧克力提前隔水融化，烤好的塔壳晾凉后在表面涂上巧克力酱，挤入奶油，放入切好的新鲜水果，如果烤好的塔壳暂时不用，需放入铺好油纸的密封盒中保存。

因为水果中含有水分，会使塔壳吸水变软，影响口感，所以要在塔壳涂上巧克力酱，以阻

止塔壳吸水变软，保证产品口感。

为了使产品光亮，可在水果表面涂抹光亮膏，增加亮度，多数水果以透明光亮膏为宜，黄色系水果可以涂抹杏酱果膏，杏酱果膏在使用前要提前加水融化。

（2）派

派也是音译名，也叫排、馅饼，下面通过表4-6中的苹果派原料配方讲解派的制作工艺流程。

表4-6　苹果派原料配方

原料		用量	烘焙百分比/%
派皮面团	黄油	100 g	100
	糖粉	50 g	50
	鸡蛋	1PC	50
	低筋面粉	200 g	200
苹果馅	苹果	100 g	100
	白糖	25 g	25
	黄油	10 g	10
	玉桂粉	4 g	4
	白兰地	10 g	10

①搅拌：将黄油和糖粉混合，放入搅拌机中打发至呈乳白色即可，加入鸡蛋，搅匀后加入过筛的低筋面粉，搅拌均匀即可。

②入模：将搅拌好的面团擀制成3 mm厚的薄片，用模具切出比派盘稍大的圆片，放入派盘中，用手将派皮整理平整，特别注意不要留有气泡，去掉盘边多余的派皮，用竹签或叉子在底部插出小孔，备用；用派盘模具将多余的派皮压成圆片，备用。

③苹果馅制作：将苹果去皮，切成小丁，黄油放入锅中，加热融化，加入白糖炒化，加入苹果丁炒匀，加入玉桂粉，小火将苹果丁炒软，慢慢收干水分，至黏稠状，加入白兰地，炒均匀即可，也可以用白葡萄酒来替代白兰地，炒好后冷却备用。

④整形：将炒好的苹果馅倒入铺好派皮的派盘中，用抹刀抹均匀，使表面平整；将准备好的派皮铺在表面，压好边缘，用竹签或叉子插出小孔。

⑤烘烤：烤箱提前预热至面火210 ℃、底火200 ℃，在整形好的苹果派表面派皮上刷上蛋液，放入烤箱中烤约25分钟，至表面呈金黄色即可。

⑥装饰与储藏：烤好的苹果派，稍凉后即可切成小块直接食用，也可以在表面撒上糖粉进行装饰。如果暂时不用的苹果派，可先放入冰箱冷藏，尽快食用，不建议放入冷冻室，冷冻后的苹果派再次加热后会在一定程度上影响产品质感。派的制作工艺流程与塔的制作工艺流程类似，注意事项基本相同，苹果派在制作时要另外注意的是在炒苹果馅时，火力不能过猛，否则容易炒焦，要将多余的水分收干，过多的水分会影响产品的质感。

4）泡芙类

泡芙（Puff）也是音译名，又称帕夫、气鼓、哈斗，是以粉、油、水、蛋为主要原料，配合其他辅料，经过烫面的手法，烘烤制作而成的外表松脆、内部中空、馅料丰富的甜点。泡芙面糊是一种烫面面糊，由水或牛奶等液体原料与黄油一起煮沸，在水充分沸腾时倒入过筛的面粉，进行烫面，烫面的面糊内部蛋白质发生变性，失去筋力，之后分次加入鸡蛋，并且每次加鸡蛋要在前一次的鸡蛋完全搅入面糊之后再加，加入鸡蛋并搅拌的过程中，会充入大量空气，搅拌好的面糊用蛋抽挑起，能够呈"V"字形缓慢连续地滑落。虽然配方中有鸡蛋的用量，但是在制作过程中各种因素会使面糊所需蛋量存在差异，如水的沸腾时间短，水分蒸发少，会使所需蛋量变少，操作时间长，水分蒸发多，会使所需蛋量增多。因此在制作泡芙时，不要将蛋全部加入，所需蛋量多的情况下，可以继续加入鸡蛋，如果所需蛋量变少，蛋量加多，就不好调整。另外，加鸡蛋时要分次加，每次一个鸡蛋，第一次可以多加一个，最开始时的面团温度稍高，蛋量太少，容易烫熟鸡蛋，之后每次加鸡蛋都要在前一次的鸡蛋完全混合之后再加，否则会使面糊变稀。

下面通过表4-7中的泡芙原料配方讲解泡芙类点心的制作工艺流程。

表4-7　泡芙原料配方

原料	用量	烘焙百分比/%
黄油	40 g	100
水	100 g	250
盐	2 g	5
鸡蛋	2个	250
低筋面粉	60 g	150
奶油	适量	—

①搅拌：将黄油和水、盐一同放入锅中加热煮沸，将低筋面粉过筛，一次性加入沸腾的水中，搅拌均匀，面糊里不能有面粉颗粒，离火，待温度降至60 ℃时，分次加入鸡蛋，搅拌均匀，搅拌好的面糊能呈"V"字形缓慢连续地滑落即可。

[注意事项]

★低筋面粉要过筛，防止里面存在颗粒，一次性加入沸腾的水中，趁热将面粉糊化，面粉糊化是制作泡芙的关键之一。

★搅拌要充分，里面不能有残留的面粉颗粒，否则会影响产品的质量。

★加入鸡蛋时温度不宜过高，温度过高会烫熟鸡蛋，影响产品的涨发，加鸡蛋时要分次加入，不能加入过快，要在前一次鸡蛋完全混合均匀后再加下一次鸡蛋，过快加入鸡蛋会导致面粉未充分吸收，面糊过稀，影响产品质量。

★由于环境、水分蒸发量以及面粉吸水率不同等，加入鸡蛋的总量会有所差别，因此配方中的鸡蛋不要全部加完，要根据实际情况进行调整。

★面糊搅拌至能呈"V"字形缓慢连续滑落即可，如果面糊不能滑落或滑落速度过慢，则说明还需要继续加蛋，如果面糊滑落过快或呈流线型滑落，则说明鸡蛋加入过多，此时不好调整，这也是制作时不要将鸡蛋全部加完的重要原因。

②成型：裱花袋中装入齿形泡芙嘴，将制作好的面糊装入裱花袋，烤盘刷油或铺上不沾烤布，在烤盘上将面糊挤成球状，由于泡芙在烘烤过程中体积会变大，所以要预留足够的间隙，排列整齐。

[注意事项]

★烤盘最好选用不沾烤盘，如果没有不沾烤盘，可以在烤盘上铺上不沾烤布或刷油，防止烤好的泡芙不能完整脱离。

★泡芙在烘烤过程中体积会膨胀，在成型时要注意预留足够的间隔，防止烘烤时发生粘连。

③烘烤：烤箱提前预热至面火180 ℃、底火220 ℃，将成型的泡芙放入烤箱，先烤制20分钟，然后将温度调至面火220 ℃、底火180 ℃，继续烘烤15分钟，之后将温度调至面火180 ℃、底火180 ℃，烤至表面呈金黄色即可，取出冷却。

[注意事项]

★烤箱需提前预热至所需温度，烘烤前期是泡芙的涨发阶段，底火要高，利用泡芙面糊内大量水蒸气的蒸腾作用使泡芙体积膨胀，待泡芙涨发完成后将底火调低，面火调高，使泡芙外壳稳固定型，最后阶段将面火、底火调至180 ℃，此时的泡芙外表已经成型，但是内部还比较湿润，需要继续烘烤，使内部完全成熟。

★在烤制的前20分钟严禁打开烤箱门，因为此时的泡芙正处于关键的涨发阶段，外壳还未定型，如果此时打开烤箱门，会使烤箱内部温度降低，同时泡芙内部的水蒸气会散发，导致泡芙发生塌缩。

★泡芙烤制后期，温度不宜过高，因为此时泡芙外壳已经上色定型，继续烘烤主要是让泡芙内部组织完全烤熟，为了不使泡芙外表烤煳，温度要适当降低。

④填馅、装饰及保存：将奶油提前解冻，用奶油机将奶油打发，在泡芙底部打一个小洞，小洞足够放入裱花嘴即可，或者用锯齿刀在泡芙一侧将其切开，将奶油挤入泡芙内，表面可用融

化的巧克力或糖粉等进行装饰，填好馅料的泡芙应尽快销售或食用。

[注意事项]

★奶油一般放在冷冻冰箱中保存，在使用前需要将奶油放置于室温环境中进行解冻，解冻好之后再进行打发，奶油如果解冻不完全，里面会有碎冰而影响奶油的打发，动物性奶油一般放置于冷藏冰箱保存，使用时直接取出打发即可，但动物性奶油里面不含糖分，因此，在使用时需要另外加入糖，以糖粉最适宜。

★在填馅之前，泡芙需完全冷却，否则会使奶油融化，泡芙底部事先打好小洞，方便挤注馅料，圆形泡芙在底部留一个小洞即可，如果是长条形或其他形状，可根据具体情况适当增加孔洞的数量，能够更容易将泡芙内部填满馅料。

★除了直接挤注的方法外，也可以将泡芙从中间横切，在下半部泡芙上用裱花嘴挤注奶油，然后将上半部分盖上，中间也可根据具体情况加入适当的水果丁等进行装饰。

★由于馅料中含有水分，泡芙极易吸潮，所以，填好馅料的泡芙应尽快销售或食用，不能放置过长时间，否则会使泡芙口感变差。如果需要将泡芙保存起来，在烤好的泡芙冷却之后，直接放入密封容器内保存即可，使用时将泡芙取出，放入烤箱中用面火、底火180 ℃烘烤3～5分钟，冷却后填馅、装饰即可。

5）冷冻甜点类

冷冻甜点是以蛋、糖、乳制品为主要原料，配合其他辅

料，多数情况下会添加凝胶类胶冻剂，通过搅拌、混合、成型、冷冻等工艺制成的口感清凉、顺滑的点心。

冷冻甜点需要在低温环境下定型，不需要烘烤，为了保证食品的安全，在制作过程中需要对一些特殊原料进行杀菌处理，如原料中的蛋类，一般采取将热糖浆冲入搅拌的蛋中或者以英式奶油酱的做法对蛋类原料进行消毒。

吉利丁（Gelatin）也称鱼胶，是制作冷冻甜点时最常使用的凝胶剂，常用的吉利丁分为片状和粉状两种，片状吉利丁多数为5 g/片，也有2.5 g/片的规格。吉利丁在使用时要注意提前用冰水进行浸泡。

常见的冷冻甜点主要有啫喱、慕斯、奶油冻、冰激凌等。

（1）啫喱

啫喱（Jelly）也就是我们常说的果冻，由于啫喱中不含乳脂及脂肪，因此口感凉爽不腻，多数情况下呈透明状，根据口味不同，会附着相应的颜色，同时会辅以相应的水果。制作啫喱时常用的凝胶剂也是吉利丁，另外也可以用市面上出售的啫喱粉直接调制。

下面通过表4-8中的水果啫喱原料配方讲解冷冻甜点的制作工艺流程。

表4-8　水果啫喱原料配方

原料	用量	烘焙百分比/%
水	150 g	100
白糖	30 g	20
鱼胶	6片	4
水果	适量	—
食用色素	适量	—

①搅拌、混合：鱼胶提前用冰水浸泡备用，将水和白糖倒入锅中煮开，晾凉，将鱼胶从冰水中捞出，挤掉多余的水分，当糖水温度降到60 ℃以下后，加入鱼胶混合均匀，静置，可以根据具体情况滴入1～2滴食用色素，搅拌均匀。

[注意事项]

★鱼胶需要提前用冰水浸泡，这里使用的是鱼胶片，如果所用的是鱼胶粉，则按鱼胶粉：水＝1：5的比例进行混合。浸泡鱼胶时，水温偏高很容易使鱼胶软化破碎，所以浸泡时需要用冰水，特别是在夏天环境温度过高时，需将浸泡的鱼胶放在冰箱中，在使用鱼胶片时，需要将鱼胶中多余的水分挤出，以免影响产品品质。

★烧糖水的锅要确保干净无油渍或其他异味，烧好的糖水降温至60 ℃以下再加入鱼胶，这样才能保证鱼胶的最佳效果，温度过高会影响鱼胶的效果。

★加入鱼胶时，轻轻搅拌均匀即可，过度搅拌会使啫喱液中产生气泡，影响产品品质。

★有些水果具有天然的染色性，如果需要使啫喱带有颜色，可以选择染色性强的水果给啫喱染色，如红心火龙果。如果没有合适的水果，也可以直接加食用色素，但不宜过多。

②入模、定型：水果提前切好，将冷却的啫喱液倒入干净的玻璃杯中，此时只需倒入一小部分即可，加入几颗水果丁，放入冰箱冷藏，待啫喱基本凝固后再倒入一部分啫喱液，然后加

入一些水果丁，再放入冰箱冷藏，反复数次，玻璃杯中啫喱装到八分满即可。

[注意事项]

★上面的操作没有一次性将啫喱液倒入杯中，是为了营造一种水果悬浮在啫喱中的状态。由于水果丁的密度一般比糖水的密度小，如果直接将啫喱倒入杯中，再加入水果丁，水果丁会浮在啫喱液表面，达不到所要的效果。

★水果要提前沥干水分，同时要控制酸性水果的使用量，酸性物质会破坏鱼胶的凝胶力，如果产品中酸性原料多，那么也需要相应地增加鱼胶的使用量。

★啫喱中含有大量的水分，不宜放入冰箱冷冻，否则会结冰，影响成品的质感。另外啫喱在放入冰箱前，应用保鲜膜封好，防止啫喱吸收冰箱中的异味，影响产品质量。

③装饰、保存：将定型好的啫喱取出，在上面用奶油或水果进行装饰，本任务中的产品是装在玻璃杯中，也可以用调酒中常用的方法，在杯沿沾上白糖进行装饰，制作好的啫喱不适宜长时间保存，应尽快销售或食用。

[注意事项]

★由于啫喱的颜色一般都比较浅，装饰啫喱时不宜选择容易脱色的原料，要选择颜色浅或不易脱色的原料。

★由于啫喱不宜冷冻保存，同时其中含有水果，容易变质，因此，制作好的啫喱不宜长时间保存，需尽快销售或食用。

（2）慕斯

慕斯为英文Mousse的音译词，也称木司、木斯、毛士等，是将鸡蛋、奶油等打发后与果蓉等风味原料混合，再辅以凝胶剂制作而成的口感绵密、入口即化的甜点。慕斯的可塑性很强，可以利用各种模具制作成各种样式。

慕斯的成型可使用能够直接上台服务的器皿，如玻璃杯、陶瓷器皿等，也可以使用容易脱模的工具或模具，如慕斯圈、硅胶模具等。硅胶模具是目前制作慕斯产品时常用的模具，硅胶模具具有体积轻便、质地柔软、造型多样、表面光滑、容易脱模等特点，同时也可以根据个人需要定制，做出特定形状的慕斯产品。

慕斯的制作方法根据配方原料的不同会有所差异，大多数情况下会使用鱼胶，在配方中若使用鱼胶，先将鱼胶置于冰水中浸泡备用。配方中存在蛋类原料的，要将蛋类原料消毒杀菌，常用的杀菌方法是将热糖浆冲入搅拌中的蛋类原料，或者用英式奶油酱的方法将蛋类原料加热，以达到杀菌消毒的作用。配方中含有奶油的，多数情况下需要将奶油进行打发，奶油在打发时，不宜打得太老，当奶油表面泛起纹路即可，还有一些情况需要将奶油加热煮沸，如和巧克力同时存在时，一般情况下，将奶油煮沸冲入巧克力碎中，制作成甘纳许。配方中存在果蓉等风味原料的，先将果蓉等原料融化，待冷却后加入。

下面通过表4-9中的酸奶黄桃慕斯原料配方讲解慕斯的制作工艺流程。

表4-9　酸奶黄桃慕斯原料配方

原料	用量	烘焙百分比/%
淡奶油	600 g	100
白糖	150 g	25
芝士	220 g	37
牛奶	50 g	8
酸奶	100 g	17
鱼胶	10片	1.7
黄桃	0.5个	—
戚风蛋糕坯	2个	—

①浆料制作：鱼胶提前用冰水浸泡备用，将淡奶油和白糖混合均匀，放入搅拌缸中打发至奶油起纹路即可，放入冰箱冷藏备用，将芝士倒入搅拌缸中，搅拌至芝士变软，呈顺滑状，加入牛奶和酸奶搅拌均匀，用翻拌的手法将打发好的淡奶油与芝士进行混合，混合均匀后加入隔水融化的鱼胶，搅拌均匀即可。

[注意事项]

★鱼胶需要提前放入冰水中泡软，在使用时，隔水加热融化，鱼胶融化的温度不宜过高，不能超过60 ℃，同时鱼胶的温度也不能太低，如果鱼胶的温度太低，在与芝士、淡奶油混合时很容易凝结成块，不能均匀地分布在慕斯浆料中。

★慕斯的口感一般以顺滑为主，在制作时，奶油打发程度不宜过老，打发到奶油开始有明显纹路产生时即可。如果奶油打发过度，会影响产品的质感，但奶油的打发也不能太稀，在制

作慕斯时要注意奶油的打发程度。

★ 在慕斯的制作中我们所使用的多数为奶油芝士，在使用前，需要将芝士软化打发，这里主要将芝士里的颗粒搅散，使芝士呈现顺滑状态。如果芝士没有打发好，那么在混合其他原料时就会出现颗粒，影响产品的口感。

★ 将酸奶和牛奶混合均匀，加入芝士中，可以降低芝士的黏稠度，能够更好地和奶油混合。如果用的是老酸奶，需要先将老酸奶搅散，与牛奶充分混合均匀后再加入芝士中。

②入模、定型：将黄桃切成薄片，均匀地铺在模具底部，将调好的慕斯浆料倒入模具中，浆料倒至模具的一半即可，放入一片蛋糕坯，放入冰箱冷冻，5分钟后取出模具，将剩余的慕斯浆料倒入模具中，在表面再铺上一层蛋糕坯，放入冰箱冷冻，冷冻至慕斯完全定型即可。

[注意事项]

★ 黄桃切好后需将表面水分吸干，有利于慕斯的成型，也可以将黄桃切成丁状与慕斯浆料混合或置于慕斯中部。

★ 冷却时，慕斯冷冻时间不宜过长，否则容易造成分层现象，特别是水分含量高的慕斯类产品。

★ 为了改善慕斯的口感，可提前制备一些风味糖浆，将糖浆刷在蛋糕坯表面，保持蛋糕坯湿润，但刷糖浆的量不宜过多。

★ 慕斯在放入冰箱前，最好用保鲜膜封好，防止慕斯吸收冰箱中的异味，影响产品质量。

③脱模、装饰：将冻好的慕斯从冰箱中取出，放在转盘上，用喷火枪在模具外围加热，将慕斯整体从模具中脱出，将事先做好的巧克力装饰件围在慕斯外围，表面用切好的黄桃围成花状，将透明果胶用软毛刷轻轻地刷在黄桃表面即可。

★用喷火枪加热时，时间不宜过长，否则会使慕斯融化，不利于脱模。

★切好的黄桃事先将表面水分擦干，摆好形状后，在表面轻轻刷上一层透明果胶即可，以增加亮度。黄桃本身是黄色的，也可以用煮开的杏酱果膏刷在表面，但如果是其他非黄色的水果，则不宜使用杏酱果膏。

（3）奶油冻

奶油冻是以蛋、糖、奶、奶油、鱼胶等为主要原料，辅以其他原料，经过打发、煮制、混合、入模、脱模、装饰等工艺流程制作而成的一种口感顺滑、充满奶香味的冷冻甜品。

奶油冻一般先将牛奶煮沸，鸡蛋和白糖一起打发，将煮沸的牛奶冲入蛋糖混合物中，另外将奶油打发与蛋奶混合物混合，加入融化的鱼胶搅拌均匀，倒入模具中成型。

下面通过表4-10中的咖啡奶冻原料配方讲解奶油冻的制作工艺流程。

表4-10　咖啡奶冻原料配方

原料	用量	烘焙百分比/%
淡奶油	420 g	100
蛋黄	30 g	7
白糖	85 g	20
牛奶	120 g	50
咖啡粉	5 g	1
咖啡力娇酒	15 g	4
鱼胶	10片	2

①浆料制作：鱼胶放入冰水中浸泡，备用，将蛋黄和白糖混合，一起打发，同时将牛奶煮沸，冲入打发的蛋糖混合物中，冷却备用。将淡奶油放入搅拌机，打发至淡奶油起纹路即可，用咖啡力娇酒将咖啡粉溶化，把蛋奶混合物与奶油混合均匀，加入咖啡与咖啡力娇酒的混合物，最后加入隔水融化的鱼胶，混合均匀即可。

★鱼胶需要放入冰水中软化，如果是鱼胶粉，则将鱼胶粉与水以1∶5的比例混合，使用之前隔水融化，也可以用微波炉融化，在使用微波炉融化时，加热时间不宜过长。

★ 为了保证产品的口感，淡奶油不宜打发过老，以淡奶油刚起纹路为宜，奶油打发过老，不利于浆料混合，容易产生气泡，同时会使产品口感变差。

★ 咖啡粉是颗粒状，如果直接加入浆料中，不易混合均匀，会使浆料中产生颗粒，在使用前，要用咖啡力娇酒将其溶化，如果没有咖啡力娇酒，也可以用一部分奶油将其溶化。

★ 在制作冷冻甜品类的产品时，如果配方中有蛋等含有微生物的原料，一定要对其进行杀菌消毒，保证产品的卫生安全。最简单的办法就是将牛奶或奶油等煮沸，趁热冲入打发的蛋中，利用牛奶的温度对其进行杀菌消毒，在冲入牛奶时，要边搅拌边加，否则会使蛋的局部温度过高，导致蛋白质变性，不能制作出适合的浆料，影响产品质量。

②成型、装饰：将混合好的浆料倒入模具中，用抹刀将表面抹平，放入冰箱冷冻成型。将定型后的奶油冻从冰箱中取出，准备一盆温水，将模具放入水中稍烫一下，将奶油冻从模具中取出，在奶油冻表面用薄荷叶和水果装饰，旁边也可以摆上一些水果进行装饰。

[注意事项]

★奶油冻的水分含量相对较高，不宜长时间放在冰箱中冷冻保存，应放在冰箱中冷藏保存。

★脱模时将模具放入水中稍微烫一下即可，烫的时间不宜过长，否则会影响产品质量，同时要注意不要将水浸到奶油冻中。

★脱模时，力度太大容易将奶油冻抖散，可将模具放在右手，用左手敲击右手手腕处，将奶油冻从模具中脱出。

（4）冰激凌

冰激凌（Ice Cream）是一种以鸡蛋、白糖、牛奶、奶油等为主要原料，辅以其他原料，经过煮制、混合、持续降温并搅拌等工艺流程制作的一种体积略有膨胀、口感冰凉爽滑、奶香味浓郁的冷冻甜点。冰激凌中不含鱼胶等凝胶剂，主要依靠乳脂及鸡蛋等原料的凝固性进行定型。除了我们常见的冰激凌以外，还有其他种类的冰激凌产品，如Gelato（意式冰激凌）、Parfait（芭菲）、Sorbet（雪葩），每种产品都各有特色，冰激凌中乳脂和糖的含量较高，味道浓郁；Gelato中乳脂和糖的含量较低，热量低，更健康；Parfait中乳脂和糖的含量高，空气含量低，常放置于高脚杯等容器中，Sorbet中几乎不含乳脂，以水果口味为主。

下面通过表4-11中的草莓冰激凌原料配方讲解冰激凌的制作工艺流程。

表4-11 草莓冰激凌原料配方

原料	用量	烘焙百分比/%
淡奶油	350 g	100
蛋黄	5个	71
白糖	140 g	40
牛奶	245 g	70
柠檬汁	18 g	5
草莓	245 g	70

①浆料制作：将一部分草莓切成小丁，另一部分草莓用料理机制成果蓉，备用；淡奶油用搅拌机打发至湿性发泡，蛋黄和白糖混合均匀打发，将牛奶煮开，冲入打发的蛋糖混合物中，边冲边搅拌，待温度降低后加入草莓果蓉、草莓丁和柠檬汁，混合均匀，最后加入打发好的奶油混合均匀。

[注意事项]

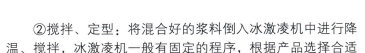

★淡奶油打发程度不能太老，否则会影响产品的口感。

★选择新鲜草莓，制作时现用现处理，如果草莓打成果蓉后长时间不用，容易氧化变质。

★含蛋类原料的冷冻甜品，一定要注意对其进行杀菌消毒处理，保证产品的卫生安全。

②搅拌、定型：将混合好的浆料倒入冰激凌机中进行降温、搅拌，冰激凌机一般有固定的程序，根据产品选择合适的程序进行操作即可。如果没有冰激凌机，可将浆料倒入容器中，放入冰箱冷冻12小时，冷冻好后将容器取出，用勺子等工具将冰激凌刮松、压平后放入冰箱继续冷冻，每隔1小时将其取出搅拌，反复操作7～8次即可。

[注意事项]

★冰激凌中的水分含量较高，在冷冻时容易形成冰晶，如果有冰激凌机，直接按照冰激凌机的程序进行操作即可，如果没有冰激凌机，则要手动对其进行搅拌，将冰激凌内部的冰晶搅散，使冰激凌更顺滑。

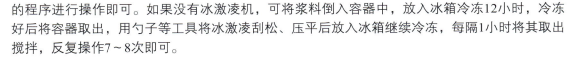

★手工搅拌时，首先将浆料放在冰箱中冷冻12小时，使其完全定型，之后根据情况，反复将冰激凌搅拌松散，减少冰晶的含量。

③装饰：将制作好的冰激凌取出，用冰激凌勺将冰激凌挖成球状，放入容器中，在表面淋上果酱，用新鲜水果及坚果进行装饰即可。由于冰激凌的特性，要及时食用，否则会融化，影响口感。

[注意事项]

★在用冰激凌勺舀冰激凌时，可将冰激凌勺放入水中浸泡一下，可以使冰激凌更容易脱落。

★舀冰激凌时，将冰激凌勺与冰激凌呈30°角，用力向前刮，将冰激凌舀成实心球状，方法不对会使舀出的冰激凌形状不规整，容易出现空心。

★冰激凌中不含鱼胶等凝胶剂，不像慕斯类产品，放在常温下，仍旧可以保持形状不变，冰激凌在常温下时间过久，会融化，影响口感，所以要尽快食用。

★冰激凌要放在18 ℃以下的冰箱中保存，以保证其质量。

6）蛋白甜点类

蛋白甜点类是以蛋白和白糖为主要原料，辅以其他原料，经过打发、混合、成型等工艺流程制作而成的一种色泽洁白、口感酥脆的甜点。蛋白霜的打发是制作蛋白类甜食的重要步骤，蛋白霜的制作主要分为三类。

①法式蛋白霜：将蛋白放入搅拌缸中，打发至出现丰富的气泡，然后加入1/3的白糖，继续打发至出现细腻的气泡，再加入1/3的白糖，打发至出现纹路，再加入最后1/3的白糖，打发至所需的状态。

②意式蛋白霜：将蛋白放入搅拌缸中，打发到出现丰富的气泡，同时将白糖放入锅中，用少量的水将白糖浸湿，放在火上加热，煮至约118 ℃，将糖浆冲入搅打中的蛋白，继续搅打至所需状态即可。

③瑞士蛋白霜：前期的打发同法式蛋白霜，待白糖全部加入混合均匀后，在搅拌缸下放一盆温水，隔水加热，同时继续打发，待温度升到55～60 ℃时，停止加热，继续打至所需状态即可。

一般蛋白霜的打发程度分为湿性发泡和干性发泡两种：湿性发泡是将蛋白霜打发到将蛋抽提起，倒置，蛋白霜能够自然下垂，呈鹰钩状；干性发泡也叫硬性发泡，是将蛋白霜打发到将蛋抽提起，倒置，蛋白霜不能下垂，而是呈坚挺状。不同的产品所需要的蛋白霜打发程度不同，如制作戚风蛋糕时，将蛋白霜打至湿性发泡即可，制作蛋白饼时，就需要将蛋白霜打发至干性发泡。

下面通过表4-12中的蛋白糖原料配方讲解蛋白甜点的制作工艺流程。

表4-12　蛋白糖原料配方

原料	用量/g	烘焙百分比/%
蛋白	100	100
白糖	100	100
玉米淀粉	25	25

①蛋白打发：将蛋白放入搅拌缸中，搅打至有丰富气泡产生，加入1/3的白糖，继续打发至蛋白中出现细腻气泡，之后加入另外1/3的白糖，继续搅打至蛋白起纹路，最后加入剩下1/3的白

糖，继续搅打至干性发泡，加入玉米淀粉翻拌均匀即可。

[注意事项]

★制作蛋白霜时应选用新鲜的蛋白，搅拌缸中不能有水、油、蛋黄等物质，这些物质会阻碍蛋白的打发。

★打发蛋白时，不宜一次性加入白糖，应分次加入，有利于蛋白的打发。

★加入玉米淀粉后，要用翻拌手法，防止蛋白消泡，影响产品品质。

②成型、烘烤：烤箱提前预热至面火100 ℃、底火90 ℃；裱花袋中装入齿形裱花嘴，将打发好的蛋白霜装入裱花袋，烤盘中垫上烤盘纸或高温不沾布，将蛋白霜整齐地挤在烤盘中，将烤盘放入烤箱烘烤2小时，之后在烤箱中继续烘干。

[注意事项]

★烤箱需要提前预热至指定温度，烤制蛋白糖的温度不能太高，温度过高会使蛋白糖上色，影响产品品质，需要用低温慢慢烘烤。

★烤盘中铺好烤盘纸或高温不沾布，易于将烤好的蛋白糖分离。

③储藏、保存：将烤好的蛋白糖晾凉后放入密封盒中保存，密封盒要保持干净无异味。

[注意事项]

★蛋白糖极易吸潮，所以在制作好后要及时放入密封盒中保存。

★蛋白糖容易吸收异味，一定要保持密封盒内干净无异味，同时要保证盒子的密封性良好。

7）其他甜点类

除了上述的各类甜点外，西点中还有一些不同于上述甜点的产品，如布丁、班戟饼等，此类甜点的制作工艺流程有异于之前所讲述的各类甜点，但同时也有相似之处，本节将通过布丁和班戟饼的制作来详细讲解这些不同。

（1）布丁

布丁是由英文"Pudding"音译而来的词，它是以蛋、糖、牛奶等为主要原料，辅以其他原料，经过搅拌、过筛、烘烤、装饰等工艺流程制作而成的口感顺滑、有浓郁奶香味的甜点。在制作时可根据需求加入水果、可可粉等，增加产品的风味。

下面通过表4-13中的焦糖炖蛋原料配方讲解布丁的制作工艺流程。

表4-13　焦糖炖蛋原料配方

原料	用量	烘焙百分比/%
牛奶	1 500 g	100
蛋黄	10个	13
鸡蛋	6个	20
白糖	80 g	5

①搅拌、混合：将牛奶和白糖混合均匀，搅拌至白糖溶化，加入蛋黄和鸡蛋，搅拌均匀，过筛后静置备用；用少量水将白糖浸湿，放在火上烧焦糖，待糖呈金黄色，离火，趁热将焦糖倒入模具中，待焦糖冷却凝固后，将布丁液倒入模具中，去除表面气泡。

[注意事项]

★搅拌时，注意速度不要过快，防止产生大量气泡。

★布丁液混合好后一定要进行过筛，因为鸡蛋中存在薄膜，会影响产品的口感。

★烧焦糖时，只需用少量水将白糖浸湿即可，焦糖颜色不要烧得太深，否则会产生苦味。

★将布丁液倒入模具时，要等焦糖冷却后再倒，焦糖不要倒得太厚。

②烘烤、装饰：烤箱提前预热至面火180 ℃、底火170 ℃，将模具放在烤盘中，烤盘中倒入温水，将烤盘放入烤箱，蒸烤50分钟左右，待布丁完全定型即可取出，晾凉后，将布丁脱模，

在周围用水果装饰即可。

[注意事项]

★烤箱要提前预热至指定温度，布丁需要蒸烤，烤盘中要加入温水，利用水蒸气进行蒸烤。

★烘烤温度要根据实际情况进行调整，判断布丁是否烤熟，可以用手轻触布丁表面，布丁表面硬实不晃动即可。

★在烤制布丁过程中要保证水分充足，不能出现干烤的现象。

★焦糖炖蛋除了上述做法外，还可将布丁液直接倒入陶瓷杯等可直接对客服务且可加热的容器中，烘烤完成后，在布丁表面撒上白糖，用火枪将白糖烧成焦糖即可。

（2）班戟饼

班戟饼是英文"Pan Cake"的音译词，也称法式薄饼，是以鸡蛋、糖、牛奶、黄油、面粉为主要原料，辅以其他原料，经过混合、搅拌、成型、组装等工艺流程制作而成的层次丰富、奶香浓郁的甜点。常见的班戟饼有杧果班戟、抹茶千层等，其中多加入各种水果和奶油，深受人们喜爱。

下面通过表4-14中的杧果千层饼原料配方讲解班戟饼的制作工艺流程。

表4-14　杧果千层饼原料配方

原料	用量	烘焙百分比/%
牛奶	200 g	100
鸡蛋	3个	75
白糖	5 g	2.5
黄油	20 g	10
低筋面粉	100 g	50
杧果	50 g	25
淡奶油	100 g	50
糖粉	8 g	4

①浆料及馅料制作：将黄油融化成液体状，牛奶、鸡蛋、白糖混合均匀，至白糖完全溶化后，加入黄油，搅拌均匀，加入过筛的低筋面粉，搅拌均匀后过筛静置；杧果切成片，吸干表面水分备用；淡奶油和糖粉混合，打发至湿性发泡，备用。

[注意事项]

★黄油融化时，温度不能过高，否则会使黄油中的油和奶分离。

★面粉要提前过筛，防止浆料中形成颗粒，浆料搅拌均匀后，用细网筛过筛一次，使浆料更细滑。

★杧果切成片后，会有水分渗出，要用厨房纸将表面水分擦干净，才利于最后的组装。

★淡奶油打发至湿性发泡即可，不能打得过老，否则影响产品口感。

②饼皮制作：将平底锅置于火上加热，待锅烧热后倒入冷油，此步骤可以使锅表面形成一层薄膜，起到防粘的作用，如果有防粘效果好的平底锅，也可以忽略此步骤；将锅中多余的油擦干净，用勺子将浆料盛入锅中，顺势将浆料铺平整个锅底，小火加热至饼皮呈金黄色，将饼皮取出，放在散热架上冷却备用，以相同的手法将剩余的浆料煎成饼皮，晾凉备用。

[注意事项]

★煎饼皮时，锅的温度不能太高，否则会发生底部糊掉而表面未成熟的情况。

★浆料一次性不要加太多，以能够铺平整个锅底的量为宜，不能将饼皮煎得太厚，否则影响产品口感。

★浆料倒入锅中后，要用小火将整个饼皮彻底煎熟，两面呈金黄色即可。

★将煎好的饼皮放在散热架上冷却，蒸发多余的水分。

③组合、装饰：选取合适的圆形慕斯圈，将饼皮刻出统一的规格，将饼皮放在转盘上，抹上一层奶油，再在上面铺一层饼皮，同样将奶油抹平，在奶油表面均匀地铺上杧果片，再用奶油抹平，盖上一层饼皮，反复操作，直到达到所需高度即可；表面用糖粉和水果进行装饰。

[注意事项]

★用慕斯圈将饼皮刻成统一规格，可以使产品看起来更规整、更美观。

★杧果不要每层都加，会使最后的产品中间凸起，每隔一至两层加一层杧果，可以使产品表面平整，提高产品质量。

★在抹奶油时，尽量不要将奶油抹到饼皮之外，要保持产品的整洁度，提高产品质量，有少量溢出的奶油可在最后用抹刀刮去多余的奶油。

★千层饼中含有新鲜水果，且饼皮如果长时间裸露在空气中容易变干，因此制作好的千层饼需要尽快食用。

★制作好的千层饼，如果暂时不用，可以用保鲜膜密封好，放在冰箱中冷藏保存，但保存时间不宜过长，冷藏后的饼皮会稍微变硬，可提前解冻后再食用。

任务2　伯爵饼干

[前置任务]

复习饼干类甜点的制作工艺流程，提前了解制作伯爵饼干所需材料的特性，查看伯爵饼干的样式图片。

[任务介绍]

伯爵饼干属于饼干类甜点中的面糊类饼干，其配料中的伯爵红茶是此款饼干独具特色的风味来源。

（1）熟悉伯爵饼干的制作工艺流程

（2）掌握配方中伯爵红茶的使用方法

（3）掌握伯爵饼干的烘烤温度及时间

[任务实施]

（1）任务实施地点：教室、实训室

（2）理论及实训一体化任务实施时间分配

①理论讲解（40分钟）。

②原料准备（5分钟）。

③教师示范解说（35分钟）。

④学生按小组实训（60分钟）。

⑤评价（10分钟）。

⑥卫生（10分钟）。

[任务资料单]

伯爵饼干制作标准

[设备用具]

不锈钢操作台1张、切面刀1把、搅拌机1台、西餐刀1把、保鲜膜1卷、复合底锅1口、蛋抽1把、细网筛1个、软刮刀1把、烤盘1个、烤箱1台、冰箱1台。

[原料]

伯爵饼干原料配方见表4-15。

表4-15 伯爵饼干原料配方

原料	用量	烘焙百分比/%
低筋面粉	400 g	100
黄油	320 g	80
糖粉	200 g	50
鸡蛋	1个	15
伯爵红茶	40 g	10
伯爵红茶水	20 g	5

[制作工艺流程]

①面糊制作：锅中倒入200 g水，将伯爵红茶倒入锅中，放在火上煮茶水，茶水煮开后，用保鲜膜密封，浸泡15分钟，将茶水过滤，晾凉备用；将黄油软化，加入糖粉，打发至颜色变白，体积膨胀，加入鸡蛋，搅拌均匀，加入过筛的低筋面粉，混合均匀；取20 g茶水和煮过的伯爵红茶，加入面团中，混合均匀，取出，搓成圆柱体，用保鲜膜封好，放入冰箱冷冻20分钟。

②成型、烘烤：烤箱提前预热至面火180 ℃、底火160 ℃；将冻好的面团取出，用

刀将面团切成3 mm厚的薄片，放入烤盘摆放整齐；将烤盘放入烤箱，烘烤15分钟左右，至表面呈金黄色即可。

[注意事项]

★ 茶水煮好后，要密封浸泡一段时间，使伯爵红茶的风味更好地融入茶水中。

★ 煮过的伯爵红茶不要扔掉，要加入面团中，这也是此款饼干特殊风味的重要来源。

★ 低筋面粉要提前过筛，混合时不要过度搅拌，烤箱需提前预热至所需温度。

★ 饼干烤至表面呈金黄色即可，注意调整火力和时间，防止烤煳。

 **蔓越莓饼干**

[前置任务]

复习饼干类甜点的制作工艺流程，提前了解制作蔓越莓饼干所需材料的特性，查看蔓越莓饼干的样式图片，了解蔓越莓的市场价格。

[任务介绍]

蔓越莓饼干属于饼干类甜点中的面糊类饼干，其中会用到蔓越莓干，蔓越莓干具有独特的水果风味，是此款饼干特殊风味的重要来源。

（1）熟悉蔓越莓饼干的制作工艺流程

（2）掌握酒渍蔓越莓的制作方法

（3）掌握蔓越莓饼干的烘烤温度及时间

[任务实施]

（1）任务实施地点：教室、实训室

（2）理论及实训一体化任务实施时间分配

①理论讲解（40分钟）。

②原料准备（5分钟）。

③教师示范解说（35分钟）。

④学生按小组实训（60分钟）。

⑤评价（10分钟）。

⑥卫生（10分钟）。

[任务资料单]

蔓越莓饼干制作标准

[设备用具]

不锈钢操作台1张、切面刀1把、搅拌机1台、西餐刀1把、保鲜膜1卷、复合底锅1口、蛋抽1把、细网筛1个、软刮刀1把、不锈钢盆1个、烤盘1个、烤箱1台、冰箱1台。

[原料]

蔓越莓饼干原料配方见表4-16。

表4-16　蔓越莓饼干原料配方

原料	用量/g	烘焙百分比/%
低筋面粉	230	100
黄油	150	65
糖粉	110	48
鸡蛋	30	13
蔓越莓干	70	30
朗姆酒	50	22

[制作工艺流程]

①面糊制作：提前一天将蔓越莓干浸泡在朗姆酒中，制作酒渍蔓越莓；黄油软化，加入过筛的糖粉，打发至颜色发白、体积膨胀，加入鸡蛋，搅拌均匀，将低筋面粉过筛，加入之前的混合物中，搅拌均匀，将浸泡好的蔓越莓干取出，沥干水分，加入面糊中，搅拌均匀即可；将面糊整形成长方体，用保鲜膜封好，放入冰箱冷冻20分钟。

  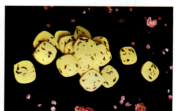

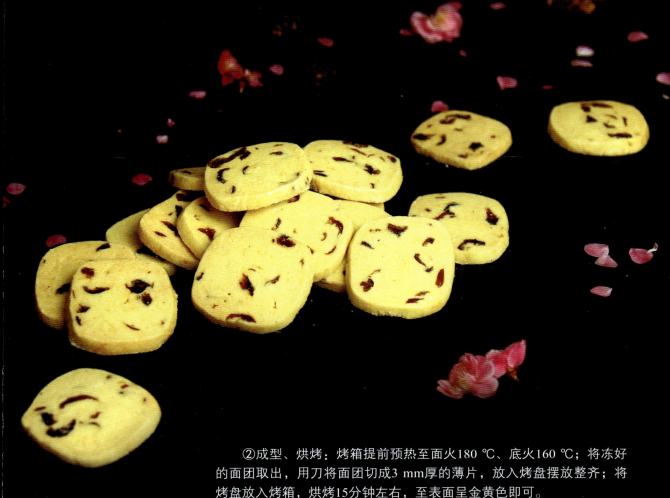

②成型、烘烤：烤箱提前预热至面火180 ℃、底火160 ℃；将冻好的面团取出，用刀将面团切成3 mm厚的薄片，放入烤盘摆放整齐；将烤盘放入烤箱，烘烤15分钟左右，至表面呈金黄色即可。

[注意事项]

★酒渍蔓越莓要提前一天开始制作，让蔓越莓干吸足水分，使用前要将多余的水分沥干，再加入面糊中。

★糖粉和面粉要提前过筛，混合时不要过度搅拌，烤箱需提前预热至所需温度。

★饼干烤至表面呈金黄色即可，注意调整火力和时间，防止烤煳。

任务4　杏仁瓦片

[前置任务]

复习饼干类甜点的制作工艺流程，提前了解制作杏仁瓦片所需材料的特性，查看杏仁瓦片的样式图片，了解杏仁片的市场价格。

[任务介绍]

杏仁瓦片属于饼干类甜点中的乳沫类饼干，其中会使用杏仁片，杏仁片具有独特的坚果风味，是此款饼干特殊风味的重要来源。

（1）熟悉杏仁瓦片的制作工艺流程

（2）掌握乳沫类饼干的制作要点

（3）掌握杏仁瓦片的烘烤温度及时间

[任务实施]

（1）任务实施地点：教室、实训室

（2）理论及实训一体化任务实施时间分配

①理论讲解（40分钟）。

②原料准备（5分钟）。

③教师示范解说（35分钟）。

④学生按小组实训（60分钟）。

⑤评价（10分钟）。

⑥卫生（10分钟）。

[任务资料单]

杏仁瓦片制作标准

[设备用具]

不锈钢操作台1张、台式搅拌机1台、保鲜膜1卷、复合底锅1口、蛋抽1把、软刮刀1把、圆形刻模1个、小勺子1把、不锈钢盆1个、烤盘1个、烤箱1台、冰箱1台。

[原料]

杏仁瓦片原料配方见表4-17。

表4-17　杏仁瓦片原料配方

原料	用量/g	烘焙百分比/%
蛋白	100	100
糖粉	100	100
低筋面粉	50	50
黄油	50	50
杏仁片	150	150

[制作工艺流程]

①面糊制作：将蛋白和糖粉倒入不锈钢盆中，用蛋抽搅拌至糖粉完全溶化，加入杏仁片，搅拌均匀，将黄油融化至液体状，加入面糊中，搅拌均匀，最后加入过筛的低筋面粉，翻拌均匀即可。

②成型、烘烤：烤箱提前预热至面火160 ℃、底火150 ℃；将制作好的面糊倒入烤盘中，配合圆形刻模，将面糊抹平成圆片状，将烤盘放入烤箱，烘烤15分钟左右，至表面呈金黄色即可。

[注意事项]

★蛋白无须打发，只需将糖粉完全溶化，混合均匀即可。

★糖粉和低筋面粉要提前过筛，混合时不要过度搅拌，烤箱需提前预热至所需温度。

★制作好的面糊放在冰箱中冷藏一段时间更容易操作。

★杏仁瓦片比较薄，容易上色，要注意其颜色变化，杏仁瓦片表面烤至金黄色即可，颜色不要太深。

★杏仁瓦片很容易吸潮，烤好的杏仁瓦片，晾凉后需放置在密封盒中保存。

 意大利脆饼

[前置任务]

复习饼干类甜点的制作工艺流程，提前了解制作意大利脆饼所需材料的特性，查看意大利脆饼的样式图片，了解杏仁片、杏仁条、开心果仁、提子干、腰果仁的市场价格。

[任务介绍]

意大利脆饼属于饼干类甜点中的面糊类饼干，此款饼干需要进行两次烘烤，其中含有大量的果仁，充满坚果风味。

（1）熟悉意大利脆饼的制作工艺流程

（2）掌握二次烘烤的制作流程

（3）掌握意大利脆饼的烘烤温度及时间

[任务实施]

（1）任务实施地点：教室、实训室

（2）理论及实训一体化任务实施时间分配

①理论讲解（40分钟）。

②原料准备（5分钟）。

③教师示范解说（35分钟）。

④学生按小组实训（60分钟）。

⑤评价（10分钟）。

⑥卫生（10分钟）。

[任务资料单]

意大利脆饼制作标准

[设备用具]

不锈钢操作台1张、台式搅拌机1台、锯齿刀1把、砧板1个、耐高温手套1副、软刮刀1把、烤盘1个、烤箱1台。

[原料]

意大利脆饼原料配方见表4-18。

表4-18　意大利脆饼原料配方

原料	用量/g	烘焙百分比/%
低筋面粉	500	50
鸡蛋	250	50
糖粉	450	90
黄油	50	10
杏仁片	50	10
杏仁条	50	10
开心果仁	50	10
腰果仁	50	10
提子干	50	10
朗姆酒	50	10

[制作工艺流程]

①面糊制作：提前一天用朗姆酒将提子干浸泡；将鸡蛋和糖粉混合，搅拌均匀，加入过筛的低筋面粉，混合均匀，加入融化的黄油，搅拌均匀后加入各种果仁，混合均匀即可。

②成型、烘烤：烤箱提前预热至面火180 ℃、底火160 ℃；将制作好的面团整形成长条状，放入烤盘中，将烤盘送入烤箱，烘烤30分钟左右，待饼干完全定型后取出，稍凉后，将饼干面团放在砧板上，用锯齿刀切成5 mm

的薄片，整齐地摆放在烤盘中，将烤箱温度调整至面火160℃、底火150℃，烤制15分钟左右，至表面呈金黄色即可。

[注意事项]

★ 鸡蛋和糖粉混合均匀，搅拌至糖粉完全融化即可，不要过度搅拌。

★ 糖粉和面粉要提前过筛，混合时不要过度搅拌，烤箱需提前预热至所需温度。

★ 提子干需提前一天浸泡，使其吸足水分，加入面团前要将多余的水分沥干。

★ 第一次烤制时，将饼干面团烤定型，取出后要等面团晾凉后再用锯齿刀切片，否则容易破碎。

★ 第二次烤制时，将饼干内部完全烤透，表面呈金黄色即可，颜色不要过深。

 任务6 酥皮泡芙

[前置任务]

了解泡芙的种类，复习泡芙的制作工艺流程，查看酥皮泡芙的样式图片。

[任务介绍]

酥皮泡芙是属于泡芙类的一种，与普通泡芙的区别主要在于其表面有一层酥皮，酥皮可以做成各种颜色。

（1）熟悉酥皮泡芙的制作工艺流程
（2）掌握各种不同酥皮的制作方法
（3）掌握酥皮泡芙的烘烤温度及时间
（4）注意馅料的选择及调制

[任务实施]

（1）任务实施地点：教室、实训室
（2）理论及实训一体化任务实施时间分配
①理论讲解（40分钟）。
②原料准备（5分钟）。
③教师示范解说（35分钟）。
④学生按小组实训（60分钟）。
⑤评价（10分钟）。
⑥卫生（10分钟）。

[任务资料单]

酥皮泡芙制作标准

[设备用具]

不锈钢操作台1张、台式搅拌机1台、锯齿刀1把、裱花袋2只、裱花嘴2个、花形刻模1个、耐高温手套1副、软刮刀1把、蛋抽1把、通捶1把、复合底锅1口、烤盘1个、烤箱1台。

[原料]

酥皮泡芙原料配方见表4-19。

表4-19 酥皮泡芙原料配方

原料		用量	烘焙百分比/%
泡芙面团	水	100 g	100
	黄油	40 g	40
	盐	1 g	100
	低筋面粉	60 g	60
	鸡蛋	100 g	100
酥皮面团	低筋面粉	100 g	100
	黄油	80 g	80
	糖粉	60 g	60
	鸡蛋	10 g	10
其他	奶油	适量	—
	色素	几滴	—

[制作工艺流程]

①泡芙面团制作：将水、黄油、盐放入复合底锅中煮沸，趁热加入过筛的低筋面粉，搅拌均匀，待温度降低后，分次加入鸡蛋，搅拌至提起蛋抽，面糊能呈"V"字形缓慢下落即可。

②酥皮面团制作：黄油提前软化，加入糖粉，搅匀，分次加入鸡蛋，搅拌均匀，加入过筛的低筋面粉，混合均匀，放入冰箱中冷藏20分钟。

③成型、组装：裱花袋中装入裱花嘴，将泡芙面糊装入裱花袋中，在烤盘中均匀地挤成圆形；将酥皮面团取出，用通捶将面团擀成2 mm厚的薄片，用花形

刻模刻出圆片，将酥皮片轻轻地放在挤好的泡芙面糊上。

④烘烤：烤箱提前预热至面火180℃、底火220℃，将成型的泡芙放入烤箱中，先烤20分钟，然后将温度调至面火220℃、底火180℃，继续烘烤15分钟，之后将温度调至面火180℃、底火180℃，烤至表面呈金黄色即可，取出冷却。

⑤填馅：将奶油打发至湿性发泡，将其装入裱花袋中，在泡芙侧面开一个小口，用裱花袋将奶油挤入泡芙中，填满即可。

[注意事项]

★制作泡芙面团时，要将水油混合物烧开，趁热加入面粉，使面粉彻底烫熟，之后要分次加入鸡蛋，鸡蛋的量要根据实际情况添加，最后搅拌至提起蛋抽，面糊能呈"V"字形缓慢流下即可。

★酥皮的制作方法类似于饼干的制作方法，注意不要打发过度，将搅拌好的面糊放入冰箱中冷藏一段时间，有利于酥皮的成型。

★泡芙在烘烤的第一段时间内，严禁打开烤箱，否则泡芙会塌缩。

★烤好的泡芙要等完全冷却后再加入奶油馅，否则会使奶油融化。

★填好馅料的泡芙，要尽快食用，时间长，泡芙会吸收奶油中的水分变软，影响产品口感。

 **葡式蛋挞**

[前置任务]

了解葡式蛋挞的市场价格，查看葡式蛋挞的样式图片，调查葡式蛋挞在市场上的受欢迎程度。

[任务介绍]

葡式蛋挞的塔壳属于清酥类产品，口感酥脆，奶香浓郁，一般可以直接购买市场上售卖的冷冻蛋挞壳来使用。蛋挞属于布丁类产品，口感细滑，具有浓郁的奶香味，深受人们喜爱。

（1）熟悉葡式蛋挞的制作工艺流程

（2）了解各种蛋挞之间的区别

（3）掌握葡式蛋挞的烘烤温度及时间

[任务实施]

（1）任务实施地点：教室、实训室

（2）理论及实训一体化任务实施时间分配

①理论讲解（40分钟）。

②原料准备（5分钟）。

③教师示范解说（35分钟）。

④学生按小组实训（60分钟）。

⑤评价（10分钟）。

⑥卫生（10分钟）。

[任务资料单]

葡式蛋挞制作标准

[设备用具]

不锈钢操作台1张、耐高温手套1副、蛋抽1把、不锈钢盆1个、细网筛1个、滴漏1个、烤盘1个、烤箱1台。

[原料]

葡式蛋挞原料配方见表4-20。

表4-20　葡式蛋挞原料配方

原料	用量	烘焙百分比/%
淡奶油	200 g	100
牛奶	100 g	50
白糖	28 g	14
鸡蛋	128 g	64
蛋挞壳	若干	—

[制作工艺流程]

①蛋挞液制作：将淡奶油、牛奶、白糖和鸡蛋放入搅拌盆中，将所有原料搅拌均匀，用细网筛过滤，静置备用。

②入模、烘烤：烤箱提前预热至面火220 ℃、底火230 ℃，将蛋挞壳均匀地摆在烤盘中，滴漏中装好蛋挞液，将蛋挞液倒入蛋挞壳中，八分满即可，将烤盘放入烤箱中，烘烤25分钟左右，至蛋挞表面呈金黄色即可。

[注意事项]

★制作蛋挞液时，搅拌力度不宜过大，力度过大容易生成过多的气泡。

★鸡蛋中有薄膜，蛋挞液制作好后要进行一次过筛，使产品口感更顺滑。

★蛋挞的烤制温度比较高，烤制时允许蛋挞表面有少许焦煳，但不能完全烤煳。

核桃塔

[前置任务]

复习混酥类产品的制作工艺流程，调查核桃的市场价格，查看核桃塔的样式图片。

[任务介绍]

核桃塔属于混酥类产品中的塔类，核桃馅料中含有丰富的核桃、蜂蜜和黄油，给产品提供蜂蜜味、坚果味和奶香味。

（1）熟悉核桃塔的制作工艺流程

（2）掌握核桃馅的制作方法

（3）掌握核桃塔的烘烤温度及时间

[任务实施]

（1）任务实施地点：教室、实训室

（2）理论及实训一体化任务实施时间分配

①理论讲解（40分钟）。

②原料准备（5分钟）。

③教师示范解说（35分钟）。

④学生按小组实训（60分钟）。

⑤评价（10分钟）。

⑥卫生（10分钟）。

[任务资料单]

核桃塔制作标准

[设备用具]

不锈钢操作台1张、台式搅拌机1台、切面刀1把、小勺子1把、耐高温手套1副、软刮刀1把、圆形刻模1个、牙签1把、复合底锅1口、烤盘1个、烤箱1台。

[原料]

核桃塔原料配方见表4-21。

表4-21　核桃塔原料配方

原料		用量/g	烘焙百分比/%
塔皮面团	黄油	200	100
	白糖	100	50
	鸡蛋	45	23
	低筋面粉	300	150
核桃馅	鸡蛋	50	100
	白糖	45	90
	蜂蜜	80	160
	黄油	25	50
	核桃	50	100

[制作工艺流程]

①塔皮面团制作：黄油提前软化，加入白糖，打发，分次加入鸡蛋，搅拌均匀，加入过筛的低筋面粉混合均匀，用手整形成方块，将塔皮擀成3 mm厚的薄片，用圆形刻模刻出比塔模大一圈的圆片，放入塔模中，用手指将塔皮压平，注意底部不能留有气泡，用切面刀将多余的塔皮去掉，用牙签在底部插出小孔，备用。

②核桃馅制作：鸡蛋和白糖混合均匀，搅拌至白糖完全溶化，加入核桃搅拌均匀，加入蜂蜜和融化的黄油，搅拌均匀，使核桃完全被浆料包裹，备用。

③成型、组装：用小勺子将核桃馅舀入制作好的塔皮中，不用压平，让其呈自然的山峰状即可，将塔模放到烤盘中。

④烘烤：烤箱提前预热至面火190 ℃、底火180 ℃，将烤盘放入烤箱中，烤制20分钟左右，至塔皮呈金黄色即可。

[注意事项]

★塔皮入模时，塔模中不能留有气体，要让塔皮完好地贴合在塔模上，并用牙签或其他尖锐物，在入模的塔皮底部插出小孔，防止塔壳底部隆起。

★制作核桃馅时，将白糖搅拌溶化即可，不用将其打发，要使核桃完全被浆料包裹，混合均匀。

★烤制时要注意塔壳的颜色变化，塔壳呈金黄色时即可将核桃塔取出。

任务9 南瓜派

[前置任务]

复习混酥类产品的制作工艺流程，调查南瓜的市场价格，查看南瓜派的样式图片，了解南瓜派在西方习俗中的地位。

[任务介绍]

南瓜派属于混酥类产品中的派类，是西方国家圣诞节必备的一款食物，深受当地人们的喜爱。

（1）熟悉南瓜派的制作工艺流程

（2）掌握南瓜馅的制作方法

（3）掌握南瓜派的烘烤温度及时间

[任务实施]

（1）任务实施地点：教室、实训室

（2）理论及实训一体化任务实施时间分配

①理论讲解（40分钟）。

②原料准备（5分钟）。

③教师示范解说（35分钟）。

④学生按小组实训（60分钟）。

⑤评价（10分钟）。

⑥卫生（10分钟）。

[任务资料单]

南瓜派制作标准

[设备用具]

不锈钢操作台1张、台式搅拌机1台、不锈钢盆1个、切面刀1把、小勺子1把、耐高温手套1副、软刮刀1把、圆形慕斯圈1个、牙签1把、复合底锅1口、烤盘1个、烤箱1台。

[原料]

南瓜派原料配方见表4-22。

表4-22　南瓜派原料配方

原料		用量/g	烘焙百分比/%
派皮面团	黄油	200	100
	糖粉	100	50
	鸡蛋	45	23
	低筋面粉	300	150
南瓜馅	南瓜	250	100
	糖粉	45	18
	鸡蛋	100	40
	淡奶油	125	50

[制作工艺流程]

①派皮面团制作：黄油提前软化，加入糖粉，打发，分次加入鸡蛋，搅拌均匀，加入过筛的低筋面粉，混合均匀；将塔皮擀成3 mm厚的薄片，用圆形慕斯圈，刻出比派模大一圈的圆片，放入派模中，用手指将派皮压平，注意底部不能留有气泡，用切面刀将多余的派皮去掉，用牙签在底部插出小孔，备用。

②南瓜馅制作：提前将南瓜蒸熟，晾凉备用；将晾凉的南瓜压成南瓜泥，加入糖粉搅拌均匀，加入鸡蛋继续搅拌均匀，最后加入淡奶油，搅拌均匀即可。

③成型、组装：用小勺子将南瓜馅舀入制作好的派皮中，将表面抹平，将派盘放到烤盘中。

④烘烤：烤箱提前预热至面火180 ℃、底火190 ℃，将烤盘放入烤箱中，烤制25分钟左右，至派皮呈金黄色即可。

[注意事项]

★派皮入模时，派模中不能留有气体，要让派皮完好地贴合在派模上，并用牙签或其他尖锐物在入模的派皮底部插出小孔，防止派皮底部隆起。

★制作南瓜馅时，要提前将南瓜蒸熟，晾凉后将其打成南瓜泥，再与其他原料进行混合。

★烤制时要注意派皮的颜色变化，派皮呈金黄色即可将南瓜派取出。

 **任务10 蘑菇派**

[前置任务]

复习混酥类产品的制作工艺流程，调查白蘑菇、鸡胸肉的市场价格，查看蘑菇派的样式图片。

[任务介绍]

蘑菇派属于混酥类产品中的派类，为一种咸派，也是一种含有肉类的食物，具有蘑菇的香气和鸡肉的鲜美等风味。

（1）熟悉蘑菇派的制作工艺流程

（2）掌握蘑菇派的工艺流程，掌握蘑菇馅的制作方法

（3）掌握蘑菇派的烘烤温度及时间

[任务实施]

（1）任务实施地点：教室、实训室

（2）理论及实训一体化任务实施时间分配

①理论讲解（40分钟）。

②原料准备（5分钟）。

③教师示范解说（35分钟）。

④学生按小组实训（60分钟）。

⑤评价（10分钟）。

⑥卫生（10分钟）。

[任务资料单]

蘑菇派制作标准

[设备用具]

不锈钢操作台1张、台式搅拌机1台、切面刀1把、西餐刀1把、小勺子1把、耐高温手套1副、软刮刀1把、不锈钢盆1个、圆形慕斯圈1个、牙签1把、复合底锅1口、烤盘1个、烤箱1台。

[原料]

蘑菇派原料配方见表4-23。

表4-23　蘑菇派原料配方

原料		用量/g	烘焙百分比/%
派皮面团	黄油	200	100
	糖粉	100	50
	鸡蛋	45	23
	低筋面粉	300	150
蘑菇馅	白蘑菇	50	100
	鸡胸肉	50	100
	黄油	30	60
	盐	3	6
	淡奶油	100	200

[制作工艺流程]

①派皮面团制作：黄油提前软化，加入糖粉，打发，分次加入鸡蛋，搅拌均匀，加入过筛的低筋面粉，混合均匀；将塔皮擀成3 mm厚的薄片，用圆形慕斯圈刻出比派模大一圈的圆片，放入派模中，用手指将派皮压平，注意底部不能留气泡，用切面刀将多余的派皮去掉，用牙签在底部插出小孔，备用。

②蘑菇馅制作：白蘑菇切丁备用，鸡胸肉切丁备用，锅中放入黄油烧热，倒入鸡胸肉丁进行翻炒，炒香后加入白蘑菇丁继续翻炒，炒熟后加盐进行调味，晾凉备用。

③成型、组装：用小勺子将蘑菇馅舀入制作好的派皮中，将表面抹平，将淡奶油倒入蘑菇馅中，将派盘放到烤盘中。

④烘烤：烤箱提前预热至面火180 ℃、底火190 ℃，将烤盘放入烤箱中，烤制30分钟左右，至派皮呈金黄色即可。

[注意事项]

★派皮入模时，派模中不能留有气体，要让派皮完好地贴合在派模上，并用牙签或其他尖锐物在入模的派皮底部插出小孔，防止派皮底部隆起。

★炒制蘑菇馅时，提前将白蘑菇和鸡胸肉切成小丁，用黄油翻炒，增加其风味，晾凉后加入派皮中，最后倒入淡奶油，淡奶油将蘑菇馅完全淹没即可，不能倒得太多。

★烤制时要注意派皮的颜色变化，派皮呈金黄色即可将蘑菇派取出。

柠檬塔

[前置任务]

复习混酥类产品的制作工艺流程，掌握蛋白糖霜的制作工艺流程，调查柠檬的市场价格，查看柠檬塔的样式图片。

[任务介绍]

柠檬塔属于混酥类产品中的塔类，是一种冷冻塔，需先将塔皮烤熟，在其表面涂上融化的巧克力，再加入柠檬馅，冷冻成型，其中含有柠檬汁，配以蛋白糖霜进行装饰，酸甜可口。

（1）熟悉柠檬塔的制作工艺流程

（2）掌握柠檬馅、蛋白糖霜的制作方法

（3）掌握塔皮的烘烤温度及时间，掌握柠檬塔冷冻定型操作流程

[任务实施]

（1）任务实施地点：教室、实训室

（2）理论及实训一体化任务实施时间分配

①理论讲解（40分钟）。

②原料准备（5分钟）。

③教师示范解说（35分钟）。

④学生按小组实训（60分钟）。

⑤评价（10分钟）。

⑥卫生（10分钟）。

[任务资料单]

柠檬塔制作标准

[设备用具]

不锈钢操作台1张、台式搅拌机1台、切面刀1把、耐高温手套1副、软刮刀1把、不锈钢盆1个、裱花袋1只、裱花嘴1个、圆形慕斯圈1个、滴漏1个、牙签1把、烤盘1个、烤箱1台、冰箱1台。

[原料]

柠檬塔原料配方见表4-24。

表4-24 柠檬塔原料配方

原料		用量	烘焙百分比/%
塔皮面团	黄油	200 g	100
	糖粉	100 g	50
	鸡蛋	45 g	23
	低筋面粉	300 g	150
柠檬馅	柠檬汁	300 g	100
	糖粉	500 g	170
	蛋黄	100 g	33
	鸡蛋	350 g	117
	黄油	300 g	100
	鱼胶片	30 g	10
蛋白糖霜	蛋白	50 g	100
	糖粉	100 g	200
其他	柠檬	1个	—
	白巧克力酱	适量	—

[制作工艺流程]

①塔皮面团制作：黄油提前软化，加入糖粉打发，分次加入鸡蛋，搅拌均匀，加入过筛的低筋面粉，混合均匀，将塔皮擀成3 mm厚的薄片，用圆形刻模刻出比塔模大一圈的圆片，放入塔模中，用手指将塔皮压平，注意底部不能留有气泡，用切面刀将多余的塔皮去掉，用牙签在底部插出小孔，备用。

②柠檬馅制作：将鱼胶片放入冰水中浸泡，备用；鸡蛋和蛋黄放入搅拌缸中打发，同时将糖粉放入锅中，

用少量的水浸湿，放在火上开始烧糖浆，将烧好的糖浆倒入搅打的蛋黄中，边打边加，继续打发至蛋黄发白、体积膨胀、有黏稠感，加入柠檬汁搅拌均匀，将融化的黄油加入，搅拌均匀，最后加入隔水融化的鱼胶，搅拌均匀即可。

③蛋白糖霜制作：将蛋白倒入搅拌缸，搅拌至出现大量气泡，同时开始烧糖浆，将烧好的糖浆冲入搅打的蛋白中，打发至硬性发泡；裱花袋中装入裱花嘴，将打好的蛋白糖霜倒入裱花袋中，备用。

④烘烤、组装：烤箱提前预热至面火190 ℃、底火180 ℃，将塔壳放入烤盘中，移入烤箱，烤制15分钟左右，至塔皮呈金黄色

即可，取出晾凉后将融化的白巧克力酱在塔壳内里涂匀，备用；将制作好的柠檬馅倒入滴漏中，将柠檬馅均匀地倒入塔壳中，将柠檬塔放入冰箱中冷冻20分钟；之后将冻好的柠檬塔取出，在表面用蛋白糖霜裱花进行装饰，用喷火枪将蛋白糖表面烧焦，在其表面撒上柠檬皮屑装饰。

[**注意事项**]

★ 塔皮入模时，塔模中不能留有气体，要让塔皮完好地贴合在塔模上，并用牙签或其他尖锐物在入模的塔皮底部插出小孔，防止塔皮底部隆起。

★ 柠檬塔属于冷冻塔类，需先将塔壳烤好后再加入馅料，进行冷冻定型，塔壳在加入馅料前要用白巧克力酱在表面涂匀，防止塔壳吸收馅料中的水分，影响产品质量。

★ 制作蛋白糖霜时，不能直接将糖浆倒入蛋白中，而是要边搅打蛋白边加入糖浆，防止局部温度过高，烫熟蛋白。

★ 制作柠檬馅时，搅打的力度不要太大，防止出现气泡，影响产品质量。

风车酥

[前置任务]

复习清酥类产品的制作工艺流程，了解清酥类产品的特性，查看风车酥的样式图片。

[任务介绍]

风车酥属于清酥类产品，实际制作中又分为两种：一种加入酵母，需要进行发酵；一种不加酵母，不需要发酵。风车酥以其形状酷似风车而得名。

（1）熟悉风车酥的制作工艺流程

（2）掌握风车酥造型的制作方法

（3）掌握风车酥的烘烤温度及时间

[任务实施]

（1）任务实施地点：教室、实训室

（2）理论及实训一体化任务实施时间分配

①理论讲解（40分钟）。

②原料准备（5分钟）。

③教师示范解说（35分钟）。

④学生按小组实训（60分钟）。

⑤评价（10分钟）。

⑥卫生（10分钟）。

[任务资料单]

风车酥制作标准

[设备用具]

不锈钢操作台1张、和面机1台、切面刀1把、小刀1把、直尺1把、耐高温手套1副、软毛刷1把、通捶1把、烤盘1个、烤箱1台。

[原料]

风车酥原料配方见表4-25。

表4-25　风车酥原料配方

原料	用量	烘焙百分比/%
中筋面粉	850 g	100
白糖	40 g	5
盐	15 g	2
牛奶	425 g	50
鸡蛋	2个	12
起酥油	500 g	59

[制作工艺流程]

①面团制作：将中筋面粉、盐、白糖倒入和面机，用慢速搅拌均匀，加入牛奶和鸡蛋，用慢速搅拌均匀，之后换快速打至面团成团，表面光滑有弹性即可，将面团取出，整理成圆形，盖上保鲜膜静置松弛30分钟，之后将面团擀成长方形，放入冰箱冷藏。

②包油、开酥：将起酥油提前从冰箱中取出解冻，当起酥油的硬度与面团的硬度相当时，用通捶在起酥油表面轻敲，使其内外软硬度均匀，将面团从冰箱中取出，放置在工作台上，将起酥油放置在面团一侧，开始包油，将包好的面团擀成长方形，使用三折法进行折叠，反复折叠3次，折叠好后将面团擀成3 mm厚，将其切成5 cm×5 cm的正方形，用小刀在四个对角线处切一刀，提起其中一个角，压在中心处，用同样的方法将四个角全部提起按向中间，做成风车状即可。

③烘烤：烤箱提前预热至面火210 ℃、底火200 ℃；将做好的风车酥放到烤盘中，表面用软毛刷轻轻地刷上一层蛋液，将烤盘移入烤箱，烘烤20分钟左右，至表面呈金黄色即可。

[注意事项]

★ 风车酥面团不需要过强的筋度，搅打面团时，可以使用中筋面粉，降低面团筋度。

★ 包油时要注意油和面的软硬度，保持其软硬度相当，方便开酥。

★ 开酥时要控制好温度、速度，如果室温过高，不要急于开酥，每开一次酥，就将面团放入冰箱中冷却一下，再进行下一次开酥。

★ 制作风车酥造型时，要将中心处的面团集中压实，防止在烤制过程中酥皮翘起，影响产品形状。

面包布丁

[前置任务]

复习布丁类产品的制作工艺流程，了解面包布丁的产生过程，查看面包布丁的样式图片，收集面包布丁的变化产品。

[任务介绍]

面包布丁属于其他类甜品中的布丁类产品，是布丁类和面包类产品的结合产品，奶香味浓郁，富有嚼劲。

（1）熟悉面包布丁的制作工艺流程
（2）掌握面包丁的制作方法
（3）掌握面包布丁的烘烤温度及时间

[任务实施]

（1）任务实施地点：教室、实训室
（2）理论及实训一体化任务实施时间分配
①理论讲解（40分钟）。
②原料准备（5分钟）。
③教师示范解说（35分钟）。
④学生按小组实训（60分钟）。
⑤评价（10分钟）。
⑥卫生（10分钟）。

[任务资料单]

面包布丁制作标准

[设备用具]

不锈钢操作台1张、不锈钢搅拌盆1个、蛋抽1把、细网筛1个、耐高温手套1副、陶瓷布丁杯5个、烤盘1个、烤箱1台。

[原料]

面包布丁原料配方见表4-26。

表4-26　面包布丁原料配方

原料	用量/g	烘焙百分比/%
牛奶	100	100
白糖	170	170
鸡蛋	100	100
提子干	50	50
朗姆酒	50	50
面包片	100	100

[制作工艺流程]

①布丁液制作：将牛奶和白糖放入不锈钢搅拌盆中，搅拌至白糖完全溶化，加入鸡蛋，搅拌均匀，用细网筛将布丁液过

滤，静置备用。

②辅料加工与组合：将面包片切成小三角片，放入烤箱中烘干；提前一天用朗姆酒将提子干浸泡；将烤好的面包片放入陶瓷布丁杯中，将布丁液倒入陶瓷布丁杯中，倒至九分满即可，撒上提子干，放入烤盘中。

③烘烤：烤箱提前预热至面火180 ℃、底火190 ℃；烤盘中加入温水，将烤盘移入烤箱中，蒸烤30分钟左右，烤至布丁液完全成熟凝固即可。

[注意事项]

★制作好的布丁液，要过筛一次，去除其中的杂质，保证产品的顺滑度。

★提子干要提前一天进行浸泡，使其吸足朗姆酒。

★面包片放入烤箱中烘烤一下，可以更好地吸收布丁液的香气。

★加入烤盘中的水温度不能过低，否则会影响产品烤制效果和时间。

★烤制时要确保烤盘中的水充足，不能干烤。

任务14 杜果布丁杯

[前置任务]

复习布丁类产品的制作工艺流程，回顾水果啫喱的制作流程，查看杜果布丁杯的样式图片。

[任务介绍]

杜果布丁杯属于其他类甜品中的布丁类产品，此款布丁是冷冻布丁，也可以归类为冷冻甜品。

（1）熟悉杜果布丁杯的制作工艺流程

（2）掌握杜果布丁杯分层的制作方法

（3）掌握杜果布丁杯的烘烤温度及时间

[任务实施]

（1）任务实施地点：教室、实训室

（2）理论及实训一体化任务实施时间分配

①理论讲解（40分钟）。

②原料准备（5分钟）。

③教师示范解说（35分钟）。

④学生按小组实训（60分钟）。

⑤评价（10分钟）。

⑥卫生（10分钟）。

[任务资料单]

杜果布丁杯制作标准

[设备用具]

不锈钢操作台1张、不锈钢搅拌盆1个、蛋抽1把、细网筛1个、高脚杯5个、冰箱1台。

[原料]

杜果布丁杯原料配方见表4-27。

表4-27 杜果布丁杯原料配方

原料		用量	烘焙百分比/%
杜果布丁液	牛奶	200 g	100
	淡奶油	200 g	100
	白糖	75 g	38
	鱼胶片	40 g	4
	杜果果蓉	110 g	55
奶油布丁液	牛奶	250 g	100
	淡奶油	250 g	100
	白糖	95 g	38
	鱼胶片	50 g	4
其他	杜果	100 g	25

[制作工艺流程]

①杜果布丁液制作：提前将鱼胶片放入冰水中浸泡，备用；将牛奶和白糖混合均匀，搅拌至白糖完全溶化，将杜果果蓉加入牛奶中，加热溶化杜果果蓉，加入淡奶油，搅拌均匀，待温度降到60 ℃以下，加入泡好的鱼胶片，搅拌均匀，用细网筛过滤，静置备用。

②奶油布丁液制作：鱼胶片提前软化备用，将牛奶和白糖混合均匀，搅拌至白糖完全溶化，加入淡奶油继续搅拌均匀，最

后加入隔水融化的鱼胶，过滤备用。

③组合、装饰：将制作好的杧果布丁液倒入高脚杯中，将高脚杯斜放，使里面的液体呈倾斜角度，放入冰箱中，冷藏10分钟；将高脚杯取出，平放在桌面上，将奶油布丁液倒入高脚杯中，八分满即可，放入冰箱冷藏20分钟；待布丁完全定型后，将高脚杯取出，上面用切好的杧果丁装饰即可；也可以直接将杧果布丁倒入小容器中冷却定型。

[注意事项]

★ 制作好的布丁液，要过筛一次，去除其中的杂质，保证产品的顺滑度。

★ 鱼胶要放入冰水中进行软化，并使其吸收充足的水分，隔水融化使用。

★ 制作倾斜面时，杧果布丁液要与杯口留有一段距离，冷藏时间不宜过长，凝固定型即可，之后再加入奶油布丁液，此时要保证杯子竖直。

巧克力慕斯

[前置任务]

复习布丁类产品的制作工艺流程，回顾水果啫喱的制作流程，查看巧克力慕斯的样式图片。

[任务介绍]

巧克力慕斯属于冷冻甜品中的慕斯类产品，巧克力是此款产品的重要风味来源，浓郁的巧克力味和奶香味融合，受到很多人的喜爱。

（1）熟悉巧克力慕斯的制作工艺流程
（2）注意制作巧克力慕斯时材料的混合顺序
（3）掌握巧克力慕斯的淋面酱制作方法

[任务实施]

（1）任务实施地点：教室、实训室
（2）理论及实训一体化任务实施时间分配
①理论讲解（40分钟）。
②原料准备（5分钟）。
③教师示范解说（35分钟）。
④学生按小组实训（60分钟）。
⑤评价（10分钟）。
⑥卫生（10分钟）。

[任务资料单]

巧克力慕斯制作标准

[设备用具]

不锈钢操作台1张、不锈钢搅拌盆3个、台式搅拌机1台、蛋抽2把、软刮刀2把、圆形慕斯圈1个、抹刀1把、细网筛1个、复合底锅1口、冰箱1台。

[原料]

巧克力慕斯原料配方见表4-28。

表4-28　巧克力慕斯原料配方

原料		用量	烘焙百分比/%
巧克力慕斯	蛋黄	150 g	100
	巧克力	150 g	100
	糖浆	90 g	60
	淡奶油	480 g	320
	鱼胶片	25 g	17
	朗姆酒	10 g	20
淋面酱	可可粉	120 g	100
	白糖	360 g	300
	水	300 g	250
	淡奶油	240 g	200
	鱼胶片	20 g	17
其他	巧克力蛋糕坯	2个	—

[制作工艺流程]

①巧克力慕斯制作：提前将鱼胶片放入冰水中浸泡，备用；将蛋黄倒入搅拌缸，进行搅拌，同时开始烧糖浆，将烧好的糖浆趁热冲入搅打的蛋黄中，打发蛋黄。将一部分淡奶油放入锅中煮沸，冲入切碎的巧克力中，搅拌均匀，使其完全乳化。将剩余的淡奶油打发至奶油刚起纹路即可，备用。将打发的蛋黄和巧克力混合均匀，加入打发的淡

奶油和朗姆酒，搅拌均匀，倒入隔水融化的鱼胶，搅拌均匀即可。

②淋面酱制作：提前将鱼胶片放入冰水中泡软，备用；将水、白糖和淡奶油放入锅中煮沸，加入过筛的可可粉，边加边搅，防止可可粉糊底，待温度降到60℃以下，加入鱼胶，搅拌均匀，用细网筛将其过筛，晾凉。

③组合、装饰：将巧克力蛋糕坯垫在慕斯圈下方，将巧克力慕斯倒入模具一半的位置，在上面再放上一层巧克力蛋糕坯，将其放入冰箱冷冻10分钟后取出，倒入剩余的巧克力慕斯至九分满，放入冰箱冷冻5分钟，将温度降到35℃以下的淋面酱倒在巧克力慕斯表面，用抹刀抹平，放入冰箱冷冻。将冻好的慕斯取出，脱模，用事先制作好的巧克力插片进行装饰。

[注意事项]

★ 制作冷冻甜品时，要注意对蛋类原料进行杀菌消毒，最直接的方法就是将热糖浆冲入搅打的蛋黄中，进行高温消毒。

★ 乳化好的巧克力要和打发的蛋黄混合，两者能够乳化均匀，不能直接将淡奶油和乳化好的巧克力混合，容易产生结块。

★ 如果时间允许，淋面酱最好冷藏隔夜后再使用，能使产品表面更鲜亮。

任务16 抹茶慕斯

[前置任务]

复习慕斯类产品的制作工艺流程，调查抹茶粉的使用历史和市场售价，查看抹茶慕斯的样式图片。

[任务介绍]

抹茶慕斯属于冷冻甜品中的慕斯类产品，抹茶粉具有特殊的风味，有些人十分喜爱，有些人又比较抵触，每个人所能接受的抹茶的浓度有差别。

（1）熟悉抹茶慕斯的制作工艺流程

（2）注意制作抹茶慕斯时抹茶粉的操作方法

（3）掌握抹茶慕斯中分层的制作方法

[任务实施]

（1）任务实施地点：教室、实训室

（2）理论及实训一体化任务实施时间分配

①理论讲解（40分钟）。

②原料准备（5分钟）。

③教师示范解说（35分钟）。

④学生按小组实训（60分钟）。

⑤评价（10分钟）。

⑥卫生（10分钟）。

[任务资料单]

抹茶慕斯制作标准

[设备用具]

不锈钢操作台1张、不锈钢搅拌盆3个、台式搅拌机1台、蛋抽2把、软刮刀2把、方形慕斯圈6个、抹刀1把、细网筛1个、复合底锅1口、冰箱1台。

[原料]

抹茶慕斯原料配方见表4-29。

表4-29 抹茶慕斯原料配方

原料		用量	烘焙百分比/%
芝士慕斯	芝士	500 g	100
	蛋白	70 g	14
	糖浆	115 g	23
	淡奶油	250 g	50
	鱼胶片	75 g	3
抹茶慕斯	淡奶油	200 g	100
	蛋黄	60 g	30
	糖浆	50 g	25
	牛奶	60 g	30
	抹茶粉	12 g	6
	鱼胶片	60 g	6
其他	戚风蛋糕坯	2个	—
	白巧克力	适量	—
	绿色可可脂	适量	—
	柠檬巧克力	适量	—

[制作工艺流程]

①芝士慕斯制作：鱼胶片提前放入冰水中浸泡；将芝士放入搅拌缸，搅拌至顺滑备用；将淡奶油打发，备用；蛋白倒入搅拌缸中进行搅打，同时烧糖浆，将烧好的糖浆倒入搅打的蛋白中，继续打发至黏稠状，加入芝士，搅拌均匀，与淡奶油混合，混合均匀后加入融化的鱼胶，搅拌均匀即可。

②抹茶慕斯制作：鱼胶片提前放入冰水中浸泡，备用；将淡奶油打发，备用；牛奶烧开，分次加入抹茶粉，搅拌均匀，备用；蛋黄倒入搅拌缸中搅打，同时烧好糖浆，将糖浆冲入搅打的蛋黄中，打发至发白、黏稠，与打发好的奶油混合均匀，加入牛奶与抹茶粉的混合物，搅拌均匀，最后加入隔水融化的鱼胶，搅拌均匀即可。

③组合、装饰：将戚风蛋糕坯垫在慕斯圈下方，将芝士慕斯倒入模具一半的位置，在上面再放一层戚风蛋糕坯，将其放入冰箱冷冻10分钟后取出，倒入抹茶慕斯，用抹刀抹平，放入冰箱中冷冻。慕斯冷冻好后，取出脱模，用喷枪的绿色可可脂在慕斯表面喷出磨砂状，用白巧克力挤出线条，点缀上柠檬巧克力。

[注意事项]

★ 制作冷冻甜品时，要注意对蛋类原料进行杀菌消毒，最直接的方法就是将热糖浆冲入搅打的蛋黄或蛋白中，进行高温消毒。

★ 抹茶粉要分次加入牛奶中，否则容易形成颗粒。

★ 喷砂时要保证可可脂和慕斯的温度，可可脂温度不能过高，慕斯最好是刚从冰箱中取出时的温度。

提拉米苏

[前置任务]

复习慕斯类产品的制作工艺流程，回顾手指饼干的制作方法，了解提拉米苏的来历，调查马斯卡彭芝士的市场售价，查看提拉米苏的样式图片。

[任务介绍]

提拉米苏属于冷冻甜品中的慕斯类产品，是一款十分经典的西点产品，其中含有浓郁的咖啡味道，令人赞不绝口。

（1）熟悉提拉米苏的制作工艺流程

（2）掌握提拉米苏中分层的制作方法

[任务实施]

（1）任务实施地点：教室、实训室

（2）理论及实训一体化任务实施时间分配

①理论讲解（40分钟）。

②原料准备（5分钟）。

③教师示范解说（35分钟）。

④学生按小组实训（60分钟）。

⑤评价（10分钟）。

⑥卫生（10分钟）。

[任务资料单]

提拉米苏制作标准

[设备用具]

不锈钢操作台1张、不锈钢搅拌盆3个、台式搅拌机1台、蛋抽2把、软刮刀2把、圆形慕斯圈1个、抹刀1把、细网筛1个、裱花袋1只、裱花嘴1个、西餐刀1把、西餐叉1把、复合底锅1口、冰箱1台。

[原料]

提拉米苏原料配方见表4-30。

表4-30　提拉米苏原料配方

原料		用量	烘焙百分比/%
手指饼干	蛋黄	200 g	100
	糖粉	65 g	33
	蛋白	300 g	150
	白糖	165 g	83
	低筋面粉	115 g	58
	玉米淀粉	115 g	58
提拉米苏浆料	淡奶油	1 000 g	100
	马斯卡彭芝士	1 500 g	30
	蛋黄	600 g	25
	鸡蛋	200 g	30
	白糖	240 g	6
	鱼胶片	12 g	6
	咖啡粉	30 g	3
	咖啡力娇酒	60 mL	6
咖啡糖水	水	300 g	100
	白糖	150 g	50
	咖啡粉	10 g	3
	咖啡力娇酒	20 mL	7
其他	可可粉	适量	—
	糖粉	适量	—

[制作工艺流程]

①手指饼干制作：蛋白和一部分白糖一起打发至湿性发泡，备用；蛋黄和剩余白糖一起打发至蛋黄发白、体

积膨胀后，与打发的蛋白翻拌均匀，加入过筛的低筋面粉和玉米淀粉的混合物，翻拌均匀；裱花袋中放入裱花嘴，将饼干浆料倒入裱花袋，在烤盘中挤成长条状，表面筛上糖粉，放入面火200 ℃、底火170 ℃的烤箱中，烤制10分钟左右，至表面呈金黄色即可。

②提拉米苏浆料制作：鱼胶片提前放入冰水中浸泡，备用；将淡奶油打发，备用；马斯卡彭芝士打发至顺滑，备用；咖啡力娇酒与咖啡粉混合，将咖啡粉溶化，备用；蛋黄和鸡蛋一同倒入搅拌缸中搅打，同时烧好糖浆，将糖浆冲入搅打的鸡蛋中，打发至发白、黏稠，与打发好的奶油混合均匀，加入打发好的马斯卡彭芝士，搅拌均匀，加入混合好的咖啡力娇酒和咖啡粉，搅拌均匀，最后加入隔水融化的鱼胶，搅拌均匀即可。

③咖啡糖水制作：将水和白糖混合，煮沸，加入咖啡粉搅拌均匀，最后加入咖啡力娇酒混合均匀即可。

④组合、装饰：将手指饼干用咖啡糖水浸泡，垫在慕斯圈下方，将提拉米苏浆料倒至模具一半的位置，在上面再放一层浸泡过的手指饼干，将其放入冰箱冷冻10分钟后取

出，倒入剩余的提拉米苏浆
料，用抹刀抹平，将其放入
冰箱冷冻。慕斯冷冻好后取
出脱模，在慕斯表面撒上可
可粉，最后用西餐刀和西餐
叉挡在慕斯上方，筛上糖粉
即可。

[注意事项]

★ 制作冷冻甜品时，要注意对蛋类原料进行杀菌消
毒，最直接的方法就是将热糖浆冲入搅打的蛋黄或蛋白
中，进行高温消毒。

★ 马斯卡彭芝士要打至顺滑，与打发好的鸡蛋混合
均匀后，再加入淡奶油混合均匀。

★ 融化的鱼胶温度不能太高，也不能太低，35 ℃
左右即可。

★ 手指饼干要先用咖啡糖水浸泡，再放入浆料中，
以增加产品风味和饼干的湿润度。

项目 5

西式面点的拓展
与创新及实例

>>>

在之前的课程中，已经讲解了西点中各种类型的产品的制作，包括面包类产品、蛋糕类产品、甜点类产品，除了之前所讲的产品外，西点中还有一些特殊产品，如巧克力、翻糖、杏仁膏、糖艺等。本项目主要通过对以上内容的讲解，帮助学生熟悉各类产品的制作工艺，掌握巧克力、翻糖、杏仁膏、糖艺等产品的成型方法以及制作要点和重点。

该项目由各类西式面点的拓展与创新和产品介绍与制作组成，其中西式面点的拓展与创新部分主要对巧克力产品、装饰类产品以及西方节日产品进行介绍，产品介绍与制作介绍了星空巧克力、巧克力插件、翻糖花朵、杏仁膏人偶、糖艺产品。本部分将通过理论和实践相结合的方式进行教学，约需24个课时（40分钟/课时）。

任务1 西式面点的拓展与创新

[前置任务]

市场实地考察，查阅资料，充分了解各类西点的拓展与创新产品的特性以及主要表现方式（表5-1）。

表5-1　西点的拓展与创新产品的特性及主要表现方式

种类	特性	主要表现方式
巧克力类		
翻糖类		
糖艺类		
杏仁膏类		

市场实地考察，查阅资料，了解常见巧克力、翻糖、糖艺、杏仁膏类所用原料的售价及口感。

[任务介绍]

本任务主要通过理论知识来讲解产品的种类及特点、制作工艺流程、基础配方、制作要领及注意事项等，为之后的品种制作做铺垫。

（1）了解产品的种类及特点

（2）掌握产品的制作工艺流程

（3）掌握产品的基础配方

（4）掌握产品的制作要领及注意事项

（5）基本实现理论指导实践

[任务实施]

（1）任务实施地点：教室

（2）理论讲解、任务实施时间分配

①理论讲解（120分钟）。

②分析讨论（40分钟）。

[任务资料单]

西点各类产品的制作工艺在之前的课程中已经进行过讲解，除了之前的各类产品以外，还有一些特殊产品。本任务主要通过对巧克力制品及制作、西点装饰制作工艺、西方传统节日及其特色食物的讲解，来帮助学生了解产品的制作工艺以及注意事项。

1）巧克力制品及制作

巧克力（Chocolate）同样是音译词，也称为朱古力，是由可可液块、可可粉和可可脂一类的可可固形物与糖、乳制品等加工而成的一种入口即化、口感细滑、有浓郁可可香味的产品。常见的巧克力一般有三种：黑巧克力（Dark Chocolate）、牛奶巧克力（Milk Chocolate）、白巧克力（White Chocolate）。

黑巧克力中的糖和乳制品含量均比较低，更能凸显巧克力的特色，深受巧克力喜爱者的推崇，但黑巧克力的味道偏苦，可可固形物的含量越高，苦味越重，所以有些人也对高浓度的巧克力产生抗拒。

相反，白巧克力中可可固形物含量很低，甚至没有，里面的糖和乳制品含量很高，味道偏甜，但缺少了巧克力的原有风味，所以有些人并不赞同将白巧克力归类为巧克力。

牛奶巧克力是在黑巧克力的基础上添加乳制品成分，风味更为均衡，是目前世界上销售量较高的巧克力品类。

说到巧克力就不得不提到一种市面上常见的产品——代可可脂巧克力，上面所说的巧克力中含有天然的可可脂成分，所以也叫纯可可脂巧克力。由于纯可可脂巧克力的价格高，产量有限，因此人们用氢化植物油来代替可可脂成分，以降低产品成本。但需要注意的是，氢化油类产品容易产生反式脂肪酸，而反式脂肪酸会对人体产生不良影响，长期食用反式脂肪酸容易对身体造成伤害。我们在选购巧克力产品时，要注意产品中的成分，尽量选择纯可可脂巧克力或者不含反式脂肪酸的产品。

表5-2是纯可可脂巧克力和代可可脂巧克力的对比，通过表格我们可以更好地了解纯可可脂巧克力和代可可脂巧克力之间的差距。

表5-2 纯可可脂巧克力与代可可脂巧克力的对比

	纯可可脂巧克力	代可可脂巧克力
成分	天然可可脂等	氢化植物油等
熔点	熔点低	熔点较高

续表

	纯可可脂巧克力	代可可脂巧克力
口感	入口融化速度快，口感顺滑	入口融化慢，无层次感
价格	偏高	便宜
操作	需要调温，不易操作	不需调温，操作简单
营养	含多种营养物质，有益身体健康	含反式脂肪酸，容易对身体产生伤害
储存	12～18 ℃	常温

通过上表，可以大致看出纯可可脂巧克力和代可可脂巧克力之间的一些区别，这里主要讲解一下关于操作方面的问题。

纯可可脂巧克力中含有天然可可脂，可可脂中含有多种晶体，而每种晶体的熔点都不相同，所以在制作纯可可脂巧克力产品时，要先对巧克力进行调温，让所有的晶体完全融化，并达到最佳状态，纯可可脂巧克力调温时的温度根据种类的不同而有一定的差异（表5-3）。

表5-3 不同巧克力调温温度（℃）对比

	黑巧克力	牛奶巧克力	白巧克力
升温至	55	50	45
降温至	28	27	26
再次升温至	31	30	29

纯可可脂巧克力在制作时需要先将温度升高，再将温度降低，最后再将温度升高，通过这样的操作，才能使可可脂中的晶体达到稳定状态，从而制作出合格的产品，上表是纯可可脂巧克力的大概调温温度，各个品牌的巧克力的实际调温温度会有一定的差异，但一般都会在包装上进行标识，要学会看产品包装上的调温曲线图。

相对于纯可可脂巧克力，代可可脂巧克力的制作过程就要简单得多，代可可脂巧克力中的氢化油脂不需要调温，直接加热融化，就可以进行操作。

需要注意的是，纯可可脂巧克力和代可可脂巧克力相融性较差，在制作时不要将两种产品混合在一起，制作涂层时，也不能互相使用。

巧克力产品在西点中的主要表现方式有巧克力糖果、巧克力装饰件、巧克力雕塑等。

2）西点装饰制作工艺

西点中常用的装饰物除了巧克力以外，还有翻糖、杏仁膏、糖艺等产品，每种产品都各具特色，操作方法也各有不同。

（1）翻糖

翻糖英文名Fondant，同样也是一个音译词，最初是在20世纪70年代由澳大利亚人发明的一种糖皮（Sugar Paste），后被英国人引入，并发扬光大，现在多被用于蛋糕装饰，常用来制作花朵、动物、人偶等造型。由于翻糖制作的产品形象逼真，纹路清晰，深受人们的欢迎。随着翻糖的发展，现在也出现了各种各样的翻糖品种，有专门制作花朵的、有专门用来敷面的、有专门制作人偶的、有专门制作围边的等多种专用翻糖膏，每种产品都各有特色，在制作时可以根据个人需要进行选择。

干佩斯（Gum Paste）也是翻糖中的一种，适合用来制作花朵，其特点是风干速度快、容易定型，但由于其容易风干，因此一定要密封保存，不使用时一定要将其密封好，防止其变硬，这对新手来说也具有一定的操作难度。

造型用翻糖（Modeling Paste）也叫塑性翻糖，是一种结实、有弹性、干燥后比较坚硬的糖面，通常用来制作人物、动物、立体造型物等。这种糖面与热水混合，并被搅拌成浓稠状的液体可以用来充当翻糖的黏合剂。

白奶油糖霜（Royalicing）也叫皇家糖霜，常用来裱花、吊线，也可以用来制作镂空网格，其干燥后比较坚硬，有一定的脆度，在移动时要多加小心，防止断裂。

蕾丝粉（Lace Powder）与水混合后，涂抹在蕾丝花边模具上，烘干后可以制作出漂亮的蕾丝花边。目前市面上也有即用的蕾丝膏，将蕾丝膏在模具上刮平即可使用，方便快捷。

翻糖类产品在西点中主要用来制作蛋糕的装饰物，多以花卉类产品为主，也包含各种人偶、动物等造型，造型方式多样，立体感强。

（2）杏仁膏类

杏仁膏也叫杏仁糖衣，其中含有丰富的杏仁成分，吃起来杏仁香味浓郁，在西点中经常被用来做馅料，也被用来制作装饰，多用于制作卡通人偶及动物等造型，但没有翻糖的操作性好，现在用杏仁膏来制作装饰的产品相对较少，基本上已经被翻糖所替代。

（3）糖艺类

糖艺是一种通过将配比好的糖进行熬制、冷却，经过拉糖、吹糖、流糖等方式进行加工处理，制作出的质感晶莹剔透、造型多样变化、颜色丰富多彩的产品。因其具有很高的观赏性和艺术性，多用于蛋糕装饰、餐盘装饰等，也可独立成型，制作糖艺雕塑，在各类比赛中，经常会看到糖艺的身影。

这里所说的糖艺和我们小时候在街头看到的拉糖人、做糖画的糖艺不完全相同，两者之间有相似之处，但也存在着很大的差异。中国的糖艺制作历史久远，据说已有600多年的历史，讲究一气呵成，多为平面作品，也有制作吹糖人和捏糖人的手工艺者，他们制作人偶、动物等造型的糖艺作品。

西点中多用来制作立体造型的糖艺装饰物，制作时利用拉糖、吹糖、流糖等工艺，并配合模具，制作出各种糖艺作品，相对于中国的糖艺作品，细节更精细，纹路更清晰。

在制作糖艺作品时，最重要的步骤就是熬糖，在熬糖时，最好选择糖艺专用糖来进行熬制，如艾素糖，也可以用蔗糖进行熬制，但蔗糖中杂质较多，容易翻砂，而且蔗糖的吸湿性强，不利于保存。

色素可以在熬糖时直接加入，也可以待糖浆冷却后，下次使用时加入色素。前一种方式颜色分布更均匀，色彩更亮丽，后一种方式更方便，随时可以调整颜色。

熬糖时糖的温度很高，操作时要注意不要被糖浆烫伤。在进行拉糖操作时，要用手反复拉糖，要戴好手套，动作要快，不要长时间停留，防止手指被烫伤；在进行吹糖操作时，要将进气口密封，保证其不漏气，否则在吹糖时，会使糖浆飞出；另外，在吹糖之前，要调整好糖的形状，使吹出的糖球更均匀；在进行流糖操作时，要保证糖浆中没有气泡，否则会影响成品质量，同时糖的量要适中，不要使糖溢出。

3）西方传统节日及其特色食物

西点来源于西方国家，西方国家有很多传统节日，如我们熟悉的愚人节、万圣节、圣诞节等，而各个节日都有各自的特色食物，下面我们分别来讲述西方国家传统节日及其特色食物。

①元旦节（New Year's Day）：每年的1月1日，庆祝新的一年到来，元旦是世界上多数国

家都会庆祝的节日，但每个国家都有不同的风俗习惯，并没有统一的特定食物，比如中国会吃饺子或元宵，荷兰人会吃圆形食品，美国的部分地区会吃黑眼豌豆，希望能够获得好运。

②圣瓦伦丁节（St. Valentine's Day）：每年的2月14日，最初是西方国家人们纪念圣教徒圣瓦伦丁的节日，现在也就是我们常说的情人节，在这一天情人们会互赠礼物，现在多以赠送玫瑰花和巧克力为主，除了2月14日的情人节以外，每个月都有一个彩色情人节，中国的5月20日和农历七夕也是情人节。

③复活节（Easter Day；Easter Sunday）：每年春分月圆后的第一个周日，主要是西方国家人们纪念耶稣复活，会有很多丰盛的食物。现在的复活节，复活节彩蛋（Easter Eggs）一般是各酒店和餐厅不可缺少的食物。

④愚人节（April Fool's Day）：每年4月1日，最早是为了庆祝春分的来临，在这一天，人们会想各种办法来整蛊朋友，其中也包括很多暗藏玄机的食物，比如牙膏夹心马卡龙、芥末味的泡芙等，在愚人节被恶作剧愚弄的人称为四月愚人（April Fools）。

⑤母亲节（Mother's Day）：每年5月的第2个周日，为了表示对母亲的尊敬，同时也为了感谢母亲，这一天，儿女和父亲会给母亲买一些小礼物、帮母亲做家务等，母亲节的食物多种多样，现在多会给母亲定做一些节日气氛浓郁的蛋糕及小甜点等。

⑥父亲节（Father's Day）：每年6月的第3个周日，为了表达对父亲的感谢以及尊敬，在父亲节当天，儿女和母亲会给父亲准备一些小礼物，来感谢父亲的辛劳付出，没有完全特定的食物，但现在很多人都会选择在这一天送给父亲一款父亲节特色的主题蛋糕及小甜点。

⑦万圣节（Halloween；Eve of All Saint's Day）：每年10月31日，在万圣节的晚上，许多小朋友会提着自己制作的南瓜灯，挨家挨户要糖果，同时说"不给糖果就捣乱"，每户人家都会把准备好的糖果发给小朋友们。现在的万圣节，在很多地方，比如游乐场、酒吧、餐厅等都会组织万圣节活动，人们可以化装成各种恐怖的样子，同时食物也会被做成各种恐怖的样子，如流着"鲜血"的蛋糕、被砍断的"手指"饼干、破碎的"头颅"慕斯等。

⑧感恩节(Thanksgiving Day)：每年11月的第4个星期四，是西方国家人们为了感谢上帝所赐予的秋收，最初没有固定的日子。1941年，美国国会正式将每年11月的第4个星期四定为"感恩节"，感恩节必不可少的食物就是烤火鸡以及南瓜派，另外也会有其他特色食物，如玉米面包、煮红酒等。

⑨圣诞节(Christmas Day)：每年12月25日，是西方国家人们纪念基督诞生的日子，圣诞节的前一天被称作平安夜，圣诞节是西方国家一年中最重要的节日之一，类似于中国的新年。这一天，人们会准备丰盛的晚餐来庆祝圣诞节，姜饼、苹果派、史多伦面包、潘拉多尼等都是圣诞节的特色食物，其中，姜饼也可以用来制作姜饼屋，十分有个性。

 **任务2　星空巧克力**

[前置任务]

复习巧克力产品的制作工艺流程，提前了解星空巧克力所需材料的特性，查看星空巧克力的样式图片。

[任务介绍]

星空巧克力属于巧克力类产品，因其浓郁的巧克力风味、绚丽的外表、多变的口味，受到全世界人们的喜爱。

（1）熟悉星空巧克力的制作工艺流程

（2）掌握配方中巧克力的使用方法

（3）掌握巧克力的调温技巧及温度控制

[任务实施]

（1）任务实施地点：教室、实训室

（2）理论及实训一体化任务实施时间分配

①理论讲解（40分钟）。

②原料准备（5分钟）。

③教师示范解说（35分钟）。

④学生按小组实训（60分钟）。

⑤评价（10分钟）。

⑥卫生（10分钟）。

[任务资料单]

星空巧克力制作标准

[设备用具]

大理石操作台1张、抹刀1把、均质机1台、巧克力刮刀1把、小刀1把、汤勺1把、软毛刷3把、牙刷1把、软刮刀5把、电磁炉1台、复合底锅1口、不锈钢盆1个、巧克力模具1个、玻璃纸1张。

[原料]

星空巧克力原料配方见表5-4。

表5-4　星空巧克力原料配方

原料	用量/g	烘焙百分比/%
白巧克力	400	400
黑巧克力	100	100
淡奶油	100	100
可可脂	200	200
巧克力色粉	适量	—
巧克力模具	—	—

[制作工艺流程]

①模具上色：巧克力模具提前用棉花擦洗干净，将可可脂隔水融化，分成4份，分别加入巧克力色粉（红色色粉、黄色色粉、蓝色色粉），混合均匀，里面不能有颗粒，将温度降到31℃以下，先用牙刷蘸少许可可脂，用弹的方式使模具表面弹上小白点，待其冷却后，用软毛刷分别将颜色刷在模具上，同时将其不均匀地涂抹开，冷却备用。

[注意事项]

★在清洗巧克力模具时，不能用硬质材料刷蹭模具表面，应用中性洗涤剂进行洗涤，在保养时，要用棉花沾少许酒精，将模具表面擦干净，放在阴凉干燥处保存。

★可可脂除隔水加热融化外，也可以用微波炉加热融化，但要注意的是，一次性加热的时间不能太长，加入巧克力色粉时，要先用少许可可脂将巧克力色粉完全溶化，之后再将剩余的可可脂倒入，搅拌均匀即可。

★在给巧克力模具上色时，要控制室温在21℃左右，可可脂的温度要控制住31℃以下，弹小白点时用力不能过猛，弹出的点不要太大，要等弹出的小白点冷却后再上其他颜色，将其他颜色涂入模具后，只需将其随机涂抹均匀即可，让其表面形成不规则的如同星云的状态即可。

②巧克力壳制作：锅中提前烧水，将白巧克力倒入不锈钢盆中，利用水温隔水融化白巧克力，待白巧克力温度达到45℃，将不锈钢盆从水中拿出，将白巧克力倒在大理石操作台上，用抹刀将其摊开，并反复将其收拢、摊开进行降温，待温度降到27℃时，将白巧克力重新倒回不锈钢盆中，搅拌均匀，温度控制在29℃即可，将调好温的白巧克力倒入巧克力模具中，倒满后在桌面上轻敲，将里面的气泡震出，然后倒转巧克力模具，将多余的巧克力倒出，

只留一层薄薄的巧克力，将巧克力模具静置，使巧克力冷却凝固，备用。

[注意事项]

★将水的温度控制在50 ℃以下，温度过高会使巧克力调温失败，将巧克力放入不锈钢盆隔水加热是最常用的方法，当然也可以用微波炉加热，但是要注意加热的时间不能太长。

★对巧克力进行调温时，要控制室温和大理石操作台的温度在21 ℃左右，升温、降温、再升温时的温度一定要控制好，否则会影响巧克力的质量。

★在制作巧克力壳时，要确保里面没有气泡，否则，制作出的巧克力表面会有气孔，影响产品质量，同时，巧克力壳不要太厚，太厚会影响巧克力的口感。

③馅料制作：将淡奶油放入锅中煮沸，将煮沸的淡奶油冲入黑巧克力中，利用淡奶油的温度将巧克力融化，将其搅拌均匀，用均质机进行均质，将均质好的馅料装入裱花袋中，备用。

[注意事项]

★淡奶油煮沸之后趁热倒入巧克力中，如果巧克力的块比较大，需要提前将巧克力切碎，以方便其融化。

★巧克力和淡奶油混合均匀后，最好用均质机进行均质，如果没有均质机，也可以不进行均质，但口感会受到一定的影响。

④组装，封底：将制作好的馅料挤入做好巧克力壳的巧克力模具中，挤入八分满即可，挤好馅料后，将调好温的白巧克力挤在装好馅料的巧克力上，全部挤好后，在表面铺上一张玻璃纸，用巧克力刮刀将多余的巧克力刮掉，静置冷却。

[注意事项]

★巧克力壳中馅料只需装八分满即可，确保最后封底时不会有馅料漏出。

★ 最后铺上玻璃纸是为了使巧克力产品的底面也能够呈现光滑的状态。

⑤脱模、储藏：做好的巧克力产品冷却定型后，只需要将模具倒置，轻敲巧克力模具即可脱出，脱出的巧克力产品需放入密封容器中，防止被异味物品污染，巧克力最佳保存温度为16～18 ℃，制作好的巧克力产品应尽快食用，特别是馅料中含有易腐原料，如新鲜水果等。

[注意事项]

★ 如果巧克力调温成功，那么制作好的巧克力产品在完全冷却定型后可以很容易脱模，如果调温不成功，会导致脱模困难。

★ 巧克力很容易吸附异味，所以在保存时，要保证容器的密封性，同时温度最好控制在16～18 ℃。

巧克力插件

[前置任务]

复习巧克力调温的工艺流程，提前了解巧克力插件所需材料的特性，查看巧克力插件的样式图片。

[任务介绍]

巧克力插件属于巧克力类产品，由于其多变的颜色和形状，很适合对不同的甜点进行装饰，因此在甜品装饰件中占有很重要的地位。

（1）熟悉巧克力插件的制作工艺流程

（2）掌握巧克力插件的成型方式

（3）掌握巧克力的调温技巧及温度控制

[任务实施]

（1）任务实施地点：教室、实训室

（2）理论及实训一体化任务实施时间分配

①理论讲解（40分钟）。

②原料准备（5分钟）。

③教师示范解说（35分钟）。

④学生按小组实训（60分钟）。

⑤评价（10分钟）。

⑥卫生（10分钟）。

[任务资料单]

巧克力插件制作标准

[设备用具]

大理石操作台1张、抹刀1把、巧克力刮刀1把、小刀1把、汤勺1把、软毛刷3把、牙刷1把、软刮刀5把、电磁炉1台、复合底锅1口、不锈钢盆1个、巧克力模具1个、玻璃纸1张、直尺1把、竹签1根。

[原料]

巧克力插件原料配方见表5-5。

表5-5　巧克力插件原料配方

原料	用量	烘焙百分比/%
白巧克力	300 g	100
可可脂	100 g	33
巧克力金粉、银粉	适量	—
巧克力色粉	适量	—

[制作工艺流程]

①底色制作：提前将可可脂融化，并调成各种颜色，将玻璃纸铺在大理石操作台上，用软毛刷在表面刷上蓝色可可脂，至可可脂凝固用竹签在玻璃纸上画出不规则的圆圈，然后用软毛刷蘸上少许巧克力金粉，刷在涂有蓝色可可脂的玻璃纸上，使其有层次感，之后在表面再涂上一层红色可可脂，涂抹均匀，静置，使其冷却凝固。

[注意事项]

★制作巧克力产品时，室温和大理石操作台的温度要控制在21 ℃左右，可可脂的温度要控制在31 ℃以下，再涂在玻璃纸上，每次涂其他颜色前，要等上一层的颜色完全凝固后再涂，以保证成品的层次感。

★制作插件时要根据具体情况选择颜色，可以选择相近的颜色，做渐变的层次，也可以选择对比性强的颜色，做对比突出的层次。

★因为可可脂冷却后会发生收缩，所以制作好的巧克力插件玻璃纸，要用重物将其压住，

防止边缘上翘。

②巧克力涂层：先对白巧克力进行调温，将调温好的白巧克力倒在涂好颜色的玻璃纸的一边，然后用抹刀将白巧克力均匀地涂抹在玻璃纸上，抹好后静置，冷却定型。

[注意事项]

★巧克力的调温过程及注意事项详见星空巧克力的制作工艺流程。

★涂抹白巧克力时，要均匀涂抹，并保证厚度，太厚会影响产品的口感及质感，太薄则不容易成型。

③插件成型：将制作好的巧克力插件玻璃纸用刀切成三角形，也可以根据情况切成圆形或其他形状，也可以利用其他工具将其卷起，制成立体插件。

[注意事项]

★在成型切割时，要选择刀刃比较薄、锋利的刀进行切割，保证成品的形状及边缘干净。

★切割及卷曲时，要保证巧克力表面已经凝固，还要具有一定的柔软度，不能等巧克力完全干透之后才进行操作。

★在进行卷曲成型时，要在表面贴上一张烤盘纸，防止在卷曲时发生粘连。

④插件脱模：切割好的巧克力插件玻璃纸，待其完全凝固并结晶后将玻璃纸去除，将脱出的巧克力插件摆放好、密封好进行保存。

[注意事项]

★在脱模时，要确保巧克力已经完全结晶，否则会导致制作的巧克力插件表面不光亮，也

容易出现脱色情况。

　　★在对卷曲的巧克力插件玻璃纸进行脱模时，可以辅助竹签等细长工具，先将巧克力与烤盘纸分离，再进行脱模，以保证成品的质量。

 **任务4** **翻糖花朵**

[前置任务]

复习翻糖的工艺流程，提前了解翻糖所需材料的特性，查看翻糖花朵的样式图片。

[任务介绍]

翻糖花朵属于装饰类产品，因其具有很强的立体感和高仿真性，深受各国人们喜爱。
（1）熟悉翻糖花朵的制作工艺流程
（2）掌握翻糖花朵的成型方式
（3）掌握翻糖花朵各种样式的不同手法

[任务实施]

（1）任务实施地点：教室、实训室
（2）理论及实训一体化任务实施时间分配
①理论讲解（40分钟）。
②原料准备（5分钟）。
③教师示范解说（35分钟）。
④学生按小组实训（60分钟）。
⑤评价（10分钟）。
⑥卫生（10分钟）。

[任务资料单]

翻糖花朵制作标准

[设备用具]

不锈钢操作台1张、晾花架1个、翻糖模具1组、翻糖刻模1组、通捶1把、翻糖花枝1把、球棒1组、软毛刷3把、翻糖花枝胶布1卷、仿真花蕊1把。

[原料]

翻糖花朵原料配方见表5-6。

表5-6　翻糖花朵原料配方

原料	用量	烘焙百分比/%
翻糖膏	300 g	100
翻糖色膏	适量	—
翻糖色粉	适量	—
玉米淀粉	适量	—

[制作工艺流程]

①花瓣制作：在不锈钢操作台均匀地撒上一层玉米淀粉，将翻糖膏用翻糖色粉和翻糖色膏染上所需颜色，用通捶将翻糖膏擀成薄片，用刻模将擀好的翻糖刻出翻糖花瓣的形状，要分成不同大小的花瓣，用球棒将刻好的花瓣边缘压薄，将花瓣放入模具中，压出花瓣纹路，将细花枝插入花瓣底部，调整花瓣的形状，放在晾花架上静置，晾干，花叶的做法同花瓣，只是选择的模具不同。

[注意事项]

★ 为了防止翻糖膏粘连，在擀制翻糖之前，可在不锈钢操作台上撒一层薄薄的玉米淀粉，但不要撒得太多。

★ 要根据具体情况刻出各种大小的花瓣，以体现花朵的层次感，在擀边缘的时候，只需将上方边缘压薄即可，底部要厚，以方便插入花枝。

★ 花瓣调整好形状后，要将其晾干，以保证形状稳定，再进行最后的组装。

②组装成型：将仿真花蕊粘在花枝上，调整好形状，按大小依次将花瓣粘贴在花蕊周围，用胶布粘接好，固定位置，调整好形状，最后将花叶粘贴在花朵下方，用胶布粘接好，调整好

形状，固定位置，放在晾花架上晾干即可。

[注意事项]

★ 花瓣的大小应该是从小到大的渐变过程，确保花朵的立体感。

★ 粘接花瓣和花叶的时候，要根据花朵的实际情况选择好交叉位置，保证成品的高仿真性。

我们来欣赏一些翻糖花朵产品的图片。

杏仁膏人偶

[前置任务]

复习杏仁膏人偶的制作工艺流程，提前了解杏仁膏人偶所需材料的特性，查看杏仁膏人偶的样式图片。

[任务介绍]

杏仁膏人偶属于装饰类产品，是一种具有浓郁杏仁香味的原料，但由于其价格比较高，因此目前在西点中的应用相对较少。

（1）熟悉杏仁膏人偶的制作工艺流程

（2）掌握杏仁膏人偶的成型手法

（3）掌握杏仁膏人偶的制作细节及上色技巧

[任务实施]

（1）任务实施地点：教室、实训室

（2）理论及实训一体化任务实施时间分配

①理论讲解（40分钟）。

②原料准备（5分钟）。

③教师示范解说（35分钟）。

④学生按小组实训（60分钟）。

⑤评价（10分钟）。

⑥卫生（10分钟）。

[任务资料单]

杏仁膏人偶制作标准

[设备用具]

人偶雕刀工具1套、细毛笔2支、擀面杖1根。

[原料]

杏仁膏人偶原料配方见表5-7。

表5-7　杏仁膏人偶原料配方

原料	用量	烘焙百分比/%
杏仁膏	300 g	100
食用色膏	适量	—
食用色粉	适量	—

[制作工艺流程]

　　人偶制作：将杏仁膏用食用色粉和食用色膏调成所需颜色，取一块原色杏仁膏，搓成圆球状；另外取一块原色杏仁膏，搓成水滴状，粘在大圆球中间，做成鼻子；在鼻子下方，开一个小口，做成嘴的形状，在里面填充浅红色杏仁膏，做成嘴唇，在嘴和鼻子中间，用棕色杏仁膏制作出胡子的形状，粘贴牢固；在鼻子上方两侧，戳两个小洞，做成眼窝，取两小块黑色杏仁膏，做成眼睛，放到眼窝中；取一块红色杏仁膏，压成圆饼状，贴在头的上方，做成帽檐，取另一块红色杏仁膏，捏成帽子的形状，将其贴在帽檐上，做成帽子；再取一块棕色杏仁膏，搓成长条，压出纹路，填在帽檐边缘，做成头发；最后取一块原色杏仁膏，搓成小水滴状，压扁，将中间压成凹形，贴在头的两侧，做成耳朵，对整体形状进行调整，即做成一个简单的杏仁膏人偶头像。

[注意事项]

　　★以上是一种简单的人偶头像的制作方法，也可以用比较复杂的方法制作出更逼真的人偶头像，但需要多加练习。

　　★不要将杏仁膏长时间揉捏，在制作之前，要将手洗干净，保证整个产品的清洁度。

　　★要将各个小元件牢固地粘贴好，保证成品的完整度。

　　我们来欣赏一些杏仁膏人偶产品的图片。

糖艺产品

[前置任务]

复习糖艺产品的制作工艺流程，提前了解糖艺产品所需材料的特性，查看糖艺产品的样式图片。

[任务介绍]

糖艺属于装饰类产品，其表面晶莹剔透，样式具有多变性，整体的立体感很强，深受西点制作者的喜爱。

（1）熟悉糖艺产品的制作工艺流程

（2）掌握糖艺产品的成型方式

（3）掌握熬糖时的注意事项及温度要求

[任务实施]

（1）任务实施地点：教室、实训室

（2）理论及实训一体化任务实施时间分配

①理论讲解（40分钟）。

②原料准备（5分钟）。

③教师示范解说（35分钟）。

④学生按小组实训（60分钟）。

⑤评价（10分钟）。

⑥卫生（10分钟）。

[任务资料单]

糖艺产品制作标准

[设备用具]

复合底锅1口、橡胶软刮刀1把、不沾烤垫1张、糖艺灯1盏、剪刀1把、橡胶手套1副、风扇1台、电磁炉1台、温度计1个、气囊1个、保鲜袋若干、酒精灯1盏。

[原料]

糖艺产品原料配方见表5-8。

表5-8 糖艺产品原料配方

原料	用量/g	烘焙百分比/%
艾素糖	300	100
纯净水	90	30
柠檬酸	10	3
食用色素	适量	—

[制作工艺流程]

①熬糖流程：将艾素糖倒入锅中，加入纯净水和柠檬酸，搅拌均匀，将锅放在电磁炉上加热，用温度计查看糖浆的温度，待糖浆温度达到185 ℃时，将糖浆倒在不沾烤垫上，晾凉，待糖浆开始凝固时反复折叠，加速降温，待糖浆完全凝固后分成小块，将其放入保鲜袋中保存。

[注意事项]

★在熬糖时要尽量减少搅拌的次数，如果要搅拌，幅度也不要太大，特别是在没有艾素糖使用普通蔗糖熬糖时，因为蔗糖中的杂质较多，搅拌容易使糖浆翻砂。

★熬糖时要时刻注意糖浆的温度，特别是在后期，温度会上升得很快，如果不注意温度，很容易将糖烧焦。

★糖浆熬好后，由于温度很高，尽量不要用手直接接触糖浆，防止烫伤，要戴好手套，如果不小心沾到糖浆，迅速将沾有糖浆的手套提起，离开手指或手掌，以防糖浆将手烫伤。

★熬好的糖，处于空气中容易受潮，所以要及时将多余的糖块密封好，防止其吸湿。

②拉糖、上色：将制作好的糖块放在糖艺灯下加热，待糖块变软后，用手将其反复拉折，使糖的表面变得光滑明亮，如果需要染色，可以在这时加入食用色素，在反复拉折的过程中要使颜色均匀分布。

[注意事项]

★在烤糖块时，要注意糖艺灯的温度，温度不要太高，同时糖块在灯下的时间不要太长，要时刻注意糖块的状态，如果糖块的温度太高，要及时将其移到角落以降温。

★拉糖时速度要快，否则当糖块的温度下降后，不易进行拉折，另外，如果糖在手中持续时间过长，容易发生烫伤。

★给糖上色时，要注意色素的量，不要加得太多，否则会影响产品质量。

③产品制作：取一块棕色糖块，搓成圆球状，将圆球的一端包在气囊前端的铁管上，用气囊慢慢打起，使糖球中充入空气，同时用手慢慢地调整形状，制作成上窄下宽的空心糖体，做成身体，待糖冷却后，将其从气囊上取下，收好封口，静置；取一块白色糖块，拉成长片状，将其贴在刚刚制作好的糖体的前面，做成白色的肚子；再取另外一块棕色糖块，搓成圆球状，同样用吹的方法，做出头的形状，同时要留出眼窝的位置；取一块白色糖块，搓成扁椭圆形，

放入眼窝中，制作成眼白，同时用棕色糖块拉出糖片，修剪成椭圆形，贴在眼白上；取一块棕色糖块，均匀分成两份，搓成圆球状，贴在头下方的两侧，做成脸颊，在头部前方下侧，用白色糖块拉出下嘴唇，另外将两个白色圆球贴在嘴唇上方，在两者中间用棕色糖块拉出薄片，做成舌头，贴在嘴里；用棕色糖块搓成小圆球，做成鼻尖，贴在鼻子上；用棕色糖块拉出耳朵的形状，并用手整理好形状，贴在头的上方两侧处；将制作好的头粘在身体上，另外取两块棕色糖块，拉出上粗下窄的圆柱体，将窄的一头捏扁，用剪刀剪出手指，做成手臂，将做好的手臂贴在身体两侧，调整好形状，静置；用类似的方法制作出两条腿，大腿部位要稍粗些，将其粘贴在身体两侧；用棕色糖块拉出胡须状的丝，将其贴在眼睛及鼻子处，另外拉一根较粗的丝，做成尾巴，贴在身体的后方；取一块棕色糖块，做成圆饼状，作为作品的底座，将制作好的老鼠贴在底座上，并刻画出脚趾，待其完全冷却即可。

[注意事项]

★ 在制作糖艺产品时要戴好手套，防止烫伤，同时要不停地移动糖块在手上的位置，也是为了防止烫伤。

★ 拉糖时，用力要均匀，尽量一次性拉出所需的形状，若对形状不满意，可以在糖处于柔软状态时用剪刀进行修整。

★ 吹糖时，要将糖与气囊接触的地方密封好，防止漏气，打气时要注意速度，不要打得太快，防止糖球破裂，同时要注意糖球的温度，温度变低时要及时加热，在打气的同时将形状整理好。

★ 在组装时，尽量减少接口处的纹路，使整体看上去更协调、美观。

我们来欣赏一些糖艺产品的图片。

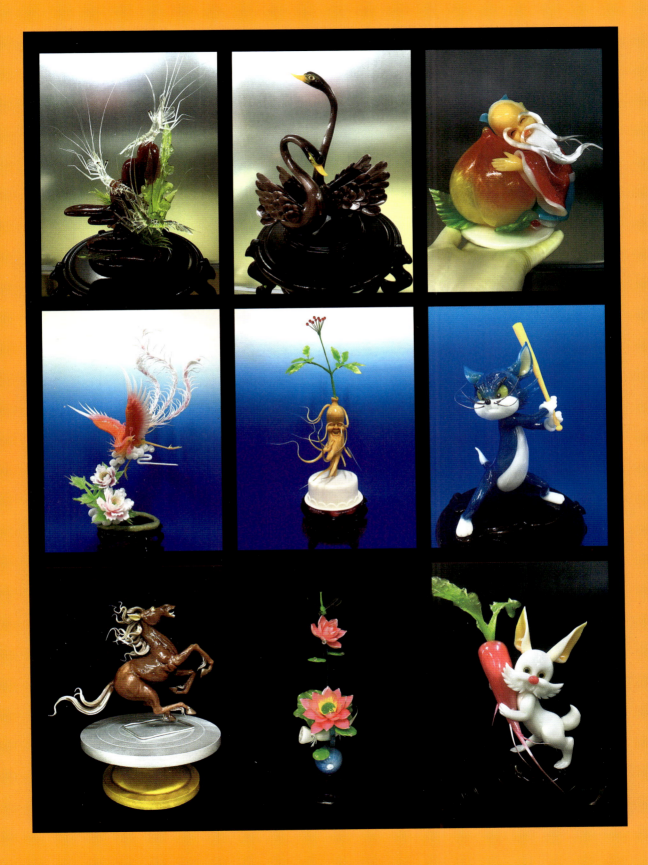

References 参考文献

[1] 王美萍.西式面点工艺[M].北京：中国劳动社会保障出版社，2005.

[2] 陈洪华，李祥睿.西点制作教程[M].北京：中国轻工业出版社，2012.

[3] 钟志惠.西式面点工艺与实训[M].3版.北京：科学出版社，2015.